Ольга Бояркина

Нелинейные оптические свойства борорганических дендримеров

Ольга Бояркина

Нелинейные оптические свойства борорганических дендримеров

Квантово-химическое моделирование

LAP LAMBERT Academic Publishing

Impressum / **Выходные данные**

Bibliografische Information der Deutschen Nationalbibliothek: Die Deutsche Nationalbibliothek verzeichnet diese Publikation in der Deutschen Nationalbibliografie; detaillierte bibliografische Daten sind im Internet über http://dnb.d-nb.de abrufbar.

Alle in diesem Buch genannten Marken und Produktnamen unterliegen warenzeichen-, marken- oder patentrechtlichem Schutz bzw. sind Warenzeichen oder eingetragene Warenzeichen der jeweiligen Inhaber. Die Wiedergabe von Marken, Produktnamen, Gebrauchsnamen, Handelsnamen, Warenbezeichnungen u.s.w. in diesem Werk berechtigt auch ohne besondere Kennzeichnung nicht zu der Annahme, dass solche Namen im Sinne der Warenzeichen- und Markenschutzgesetzgebung als frei zu betrachten wären und daher von jedermann benutzt werden dürften.

Библиографическая информация, изданная Немецкой Национальной Библиотекой. Немецкая Национальная Библиотека включает данную публикацию в Немецкий Книжный Каталог; с подробными библиографическими данными можно ознакомиться в Интернете по адресу http://dnb.d-nb.de.

Любые названия марок и брендов, упомянутые в этой книге, принадлежат торговой марке, бренду или запатентованы и являются брендами соответствующих правообладателей. Использование названий брендов, названий товаров, торговых марок, описаний товаров, общих имён, и т.д. даже без точного упоминания в этой работе не является основанием того, что данные названия можно считать незарегистрированными под каким-либо брендом и не защищены законом о брендах и их можно использовать всем без ограничений.

Coverbild / Изображение на обложке предоставлено: www.ingimage.com

Verlag / Издатель:
LAP LAMBERT Academic Publishing
ist ein Imprint der / является торговой маркой
AV Akademikerverlag GmbH & Co. KG
Heinrich-Böcking-Str. 6-8, 66121 Saarbrücken, Deutschland / Германия
Email / электронная почта: info@lap-publishing.com

Herstellung: siehe letzte Seite /
Напечатано: см. последнюю страницу
ISBN: 978-3-659-43679-6

Содержание

1

Введение

Дендримеры представляют собой специфический и перспективный класс высокомолекулярных соединений, привлекающий исследователей последние 20 лет. Особенности строения, включающие три основные структурные части: ядро-инициатор, повторяющиеся звенья и терминальные группы, позволяют рассматривать такие системы как с точки зрения макромолекул, так и с точки зрения частиц. Использование терминальных групп, несущих различную функциональную нагрузку, позволяет получать дендримеры с различными физико-химическими свойствами, что приводит к расширению областей применения данных систем в различных методах физико-химического анализа (масс-спектрометрии, электронной микроскопии и АСМ, ультрафильтрации), в биологии, медицине, в супрамолекулярном катализе, в устройствах отображения информации, модуляторах световых потоков и др.

Несмотря на серьезные достижения в области исследований синтеза, индивидуальных физико-химических характеристик дендримеров и их практического применения, потенциальные возможности и структурные особенности данных систем еще до конца не изучены. С другой стороны, в настоящее время одним из тормозящих факторов синтеза дендримеров и их промышленного внедрения является, прежде всего, дороговизна их получения.

В литературе данные об исследованиях борорганических дендримеров, особенностях их геометрического строения и областях применения практически отсутствуют. Выявление основных принципов взаимосвязи строение–свойства определит целенаправленный синтез данных дендримеров с необходимым набором физико-химических свойств, что приведет к выработке новых подходов к созданию новых материалов на основе данных систем и управлению их свойствами.

I. Особенности химии бора

Бор — элемент главной подгруппы третьей группы, второго периода периодической системы химических элементов Д. И. Менделеева, с атомным номером 5.

На внешней электронной оболочке атома бора находится три электрона, электронная формула атома бора $1s^2 2s^2 2p^1$. Один из спаренных 2s−электронов сравнительно легко промотирует (343,0 кДж/моль) на 2p−орбиталь, и тогда бор функционирует как трехвалентный: дополнительно образующиеся две ковалентные связи дают больший выигрыш в энергии, чем ее затрачивается на промотирование. Бор может также проявлять валентность 4 с привлечением вакантной 2p−орбитали по донорно−акцепторному механизму.

Вследствие малого размера атома бора (91 пм) и кайносимметричности 2p−орбитали значения ионизационных потенциалов атома бора (I_1=8,30 эВ, I_2=25,15 эВ, I_3=37,9 эВ [1, 2]) значительно выше, чем у его аналогов по группе. Например, для атома алюминия радиус составляет 143 пм, I_1=5.99 эВ, I_2=18,8 эВ, I_3=28,4 эВ [1, 2]. Значение относительной электроотрицательности атома бора (2,0 по шкале Полинга) превышает значения относительной электроотрицательности других элементов третьей группы (например, для атома алюминия данное значение составляет 1,5). Данные факты свидетельствуют о неметаллической природе атома бора. По химической активности бор уступает следующим за ним элементам второго периода. Как известно, бор обнаруживает диагональную аналогию с кремнием.

В соединениях с металлами бор образует соединения преимущественного ковалентного типа, при этом важную роль играют связи не только типа M–B и M–M (M–металл), но и связи типа B–B, что обуславливает существование различных структурных типов боридов, в которых атомы бора могут находиться как в окружении металлических центров, так и формировать линейные, плоские либо объемные структуры [3-7].

Для соединений бора с неметаллами характерна большая энергия связи [1, 2], и борсодержащие соединения должны быть более прочными, чем соответствующие соединения, например, кремния и углерода. Однако существует ряд обстоятельств, опровергающих данное утверждение.

Атом бора в соединениях типа BR_3 на внешнем электронном уровне имеет шесть электронов и вакантную p–орбиталь. Стремление атома бора увеличить количество электронов до восьми делает борсодержащие соединения весьма склонными к присоединению атомов различных элементов и целых групп, обладающих неподеленными электронными парами [8].

В соединениях с углеродом атом бора может образовывать следующие типы связей B–C(sp), B–C(sp^2) и B–C(sp^3) [9-12]. В случае образования связей B–C(sp), B–C(sp^2) возможно дополнительное π–связывание за счет включения вакантной p–орбитали бора в π–систему непредельного фрагмента. На это указывают многочисленные исследования электронной структуры бороорганических ненасыщенных систем [13-18].

Большее значение электроотрицательности углерода по сравнению с бором повышает поляризацию связей B–C и увеличивает электронодефицитность бора. Поэтому триорганилбораны, содержащие π–системы, проявляют заметную тенденцию вести себя как кислоты Льюиса [9, 19, 20].

В азотсодержащих соединениях бор может образовывать связи ковалентного типа B–N, а также связи, образованные по донорно–акцепторному механизму B←N.

$$R_3B + :NR_3' \longrightarrow R_3\bar{B}:\overset{+}{N}R_3'$$

В последнем случае бор и азот переходят из тригонального состояния в тетраэдрическое и тем самым изостерически и изоэлектронно уподобляются углероду [21].

В противоположность связи C–C связь B←N полярна, так как образуется вследствие одностороннего предоставления в совместное пользование пары электронов одной нейтральной молекулой другой нейтральной молекуле. Этот факт придает подобным боразотным соединениям более высокую термодинамическую стабильность и повышенную чувствительность, по сравнению со связью C–C, к химическим воздействиям, в частности к гидролизу.

При образовании связи B–N возможно дополнительное π–связывание между атомами за счет вакантной p–орбитали бора и неподеленной электронной пары азота. В [22] указывается, что в аминоборанах имеет место

4

существенное π–связывание, вызывающее укорочение связи B–N до 0,1431 нм по сравнению с 0,1560 нм в случае B←N для аммиак–борана $H_3N \cdot BH_3$. На высокий порядок связи B–N в молекулах диалкил(амино)боранов (до 1,8) [23], трис(амино)борана [24] и ди(амино)алкилборанов [25, 26] указывают значения силовых постоянных первых и расчеты остальных. Это говорит о том, что связь B–N имеет в значительной степени характер двойной связи. Так как электроотрицательность атома бора (2,0 по шкале Полинга) ниже, чем у атома азота (3,0), то электронное облако смещено к атому азота.

В соединениях с кислородом атом бора может образовывать связи ковалентного типа B–O и связи, образованные по донорно–акцепторному механизму B←O за счет предоставления атомом кислорода неподеленной электронной пары на вакантную орбиталь атома бора. Простейшими соединениями бора с кислородом с преимущественно ковалентным типом связи B–O являются оксид бора (III), борные кислоты различного состава и их соли [9, 10, 12].

Среди неполимерных соединений бора известны карборан $B_{10}H_{10}C_2H_2$ и его производные [27, 28], карбиды бора различного состава B_xC_y [29], карбонитрид бора [30], борокарбиды интерметаллидов состава LnM_2B_2C, где Ln – редкоземельные металлы, M=Ni, Pd [31], триорганилбораны [32], кислородные и азотные соединения бора [8, 33, 34, 35], искусственные борсодержащие алмазы [36], BN–аналоги фуллеренов, онионов, нанотрубок и других наноструктур [35, 37, 38], субфталоцианины [39, 40].

К настоящему времени известно большое количество полимерных соединений бора, отличающихся разнообразными строением и свойствами. Отметим следующие обзоры [41-46].

В [47] были синтезированы полимеризацией гидроборирования борорганические полимеры поли (п–фениленвиниленбораны) с $M_n \approx 4000$:

5

Применение 11В ЯМР для полученных полимеров и исходных мономеров показали значительное изменение сигналов. Данный факт авторы связывают с увеличением делокализации π–электронов через р–вакантные орбитали атомов бора в полимерах. Исследование фотостабильности полученных полимеров показали ее увеличение в ряду R: –OCH₃, –CF₃, –CH₃, –H.

В [48] описываются условия получения и структура кросс–сшитых полибороксолов:

В [49] описан трехступенчатый синтез новых борсодержащих полимеров, структуры которых представлены ниже. В этой структуре одна связь атома бора образуется по донорно–акцепторному механизму, причем атом бора с вакантной р–орбиталью выступает в качестве донора, а азот пиридинового цикла с неподеленной электронной парой – в качестве акцептора. Атом бора в этом полимере четырехкоординирован.

R=H, 5-hexil, 3-hexil,

Гексилзамещенные полимеры являются очень растворимыми и при определенных условиях образуют пленки, которые излучают свет при 513–514 нм.

Подобные борорганические полимеры хинолинового ряда с атомом бора в главной цепи были синтезированы в [50]:

Эти полимеры обладают различными свойствами, обусловленными высоким сродством к электрону атомов бора, а именно интенсивная флюоресценция, электронная проводимость n–типа, нелинейно–оптические свойства третьего порядка и др. Благодаря этим уникальным свойствам предполагается, что данные полимеры представляют собой новый тип оптических и электрических материалов.

II. Дендримеры, как перспективный класс высокомолекулярной химии

Дендримеры представляют собой разветвленные трехмерные макромолекулы, в структуре которых можно выделить следующие фрагменты: ядро, повторяющиеся звенья и терминальными группы, а также различные по длине молекулярные спейсеры, которыми могут быть разделены звенья и терминальные группы. Таким образом, дендримеры в отличие от линейных полимеров имеют благодаря своей архитектуре точно определенный состав и размер и являются однородными по молекулярной массе, то есть являются монодисперсными.

Название «дендримеры» также обязано особенностям архитектуры макромолекул и произошло от производных греческих слов дерево («dendra») и часть («meros») [51, 52].

На рис. 2.1 схематично показаны структуры дендримеров с первой по четвертую генерацию с трифункциональным ядром. Число связей, которые образуют звенья B с терминальными группами R, в данном случае составляет два.

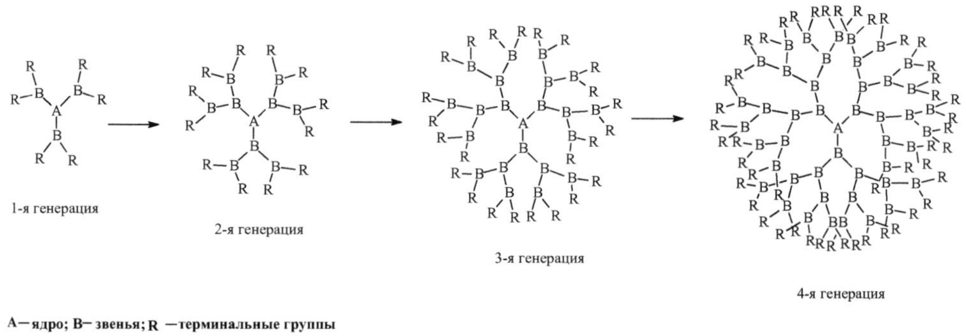

A — ядро; B — звенья; R — терминальные группы

Рис. 2.1. Схематичное изображение структуры дендримера с первой по четвертую генерации

С увеличением номера генерации наряду с увеличением числа терминальных групп происходит увеличение размера внутренних «полостей» дендримеров, при этом макромолекулы приобретают шаровидную форму.

8

К настоящему времени накоплен обширный материал, посвященный синтезу и исследованиям структуры и свойств дендримеров, например, отметим следующие обзоры [53-56].

В настоящее время сформировались следующие классы дендримеров, которые являются объектами пристального внимания со стороны исследователей. Это дендримеры на основе полиамидоамина [61-63], полипропилениминовые дендримеры [64, 65]], дендримеры Newkome–типа [66, 67], дендримеры Fréchet–типа [68, 69], а также кремнийорганические [70-72], фосфорорганические [73-75], полилизиновые [76, 77], полифениленовые [78, 79] дендримеры. Основными областями применения дендримеров являются катализ, фотохимия, молекулярная электроника, медицина и др. (см., например, [57-60]).

В настоящее время известны следующие дендритные полимерные соединения с атомом бора в ядре молекулы. В [80-81] синтезированы и исследованы борорганические протяженные π–сопряженные соединения, в которых имеется планарное ядро BC_3(аром) с фенилэтинилфенильными (I) и дифенильными (II) группами с различными донорными заместителями (рис. 2.2). Метильные группы, введенные в фенильное кольцо, непосредственно связанное с атомом бора, играют функцию стерической экранизации атома бора от нуклеофильных агентов.

R=
a- H
б- CN
в- OMe
г- N(CH₃)₂

I

9

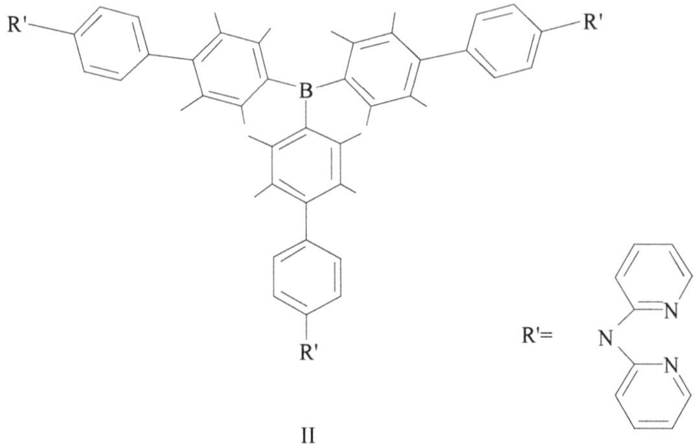

Рис. 2.2. Структура борорганических протяженных π–сопряженных соединений с планарным ядром BC₃(аром)

Плоское строение BC$_3$(аром) соединения Ia было доказано при проведении кристаллического анализа структуры. Как указывается в [80], благодаря тому, что плоскость заместителей при атоме бора образует с плоскостью BC$_3$ двугранный угол, равный 53–55°, молекулы I и II приобретают очертания трехлопастного пропеллера.

Согласно проведенному анализу кристаллической структуры II двугранный угол между внутренним и соседним бензольными кольцами составляет 74–75 °, а двугранный угол между внешним и средним бензольными кольцами составляет 38 ° [81].

Системы I и II являются электронодефицитными π — системами и обладают проводимостью n–типа. Более того, электронодефицитный характер атома бора должен способствовать внутримолекулярному переносу заряда от π–сопряженных электронодонорных заместителей в центр молекул [80, 81].

В работе [82] сообщается о синтезе триантрацилборана и его производных, в которых атом бора связан с тремя конденсированными бензольными кольцами (см. рис. 2.3).

Получены и исследованы также карборансодержащие дендримеры, содержащие карборан в ядре или в качестве терминальных групп [83, 84].

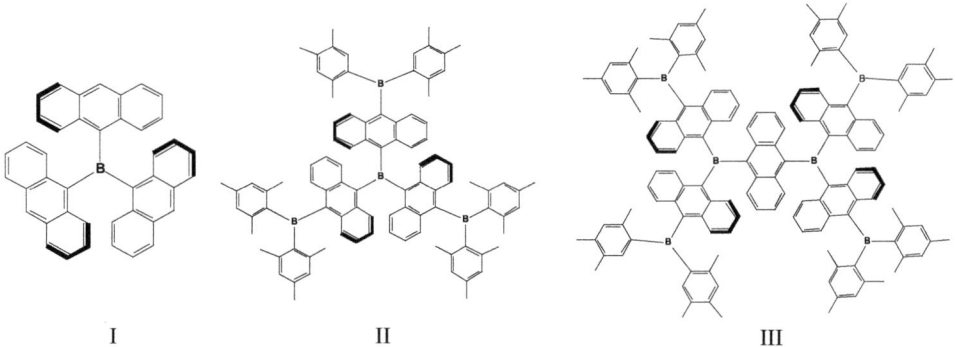

I   II   III

Рис. 2.3. Структуры триантрацилборана (I) и его производных (II), (III)

Несмотря на немногочисленные исследования в области борсодержащих дендримеров, данное направление является перспективным, так как наряду с полимерными соединениями бора, можно ожидать проявления органическими борсодержащими дендримерами фотохимических, проводниковых, нелинейных оптических и др. свойств.

III.Моделирование нелинейных оптических свойств борорганических дендримеров

3.1 Малые соединения бора

На рис. 3.1. представлены структуры малых соединений бора: триметилборана, триметоксиборана, тривинилборана, триаллилборана и трифенилборана

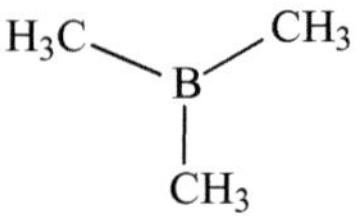

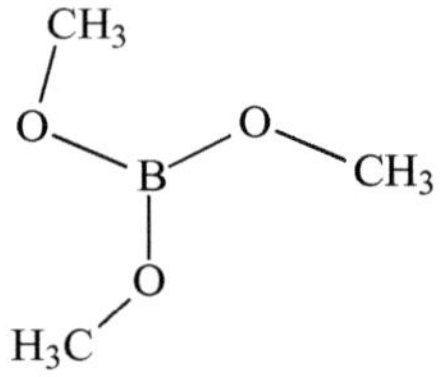

а)   б)

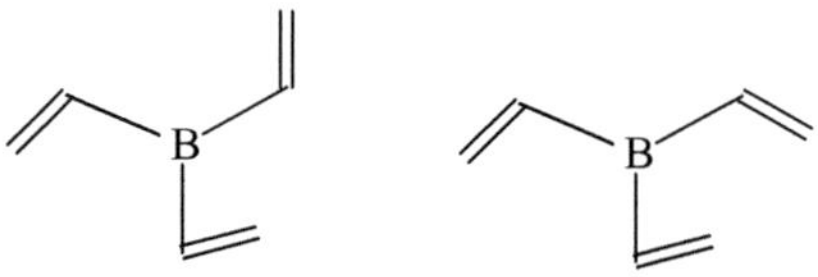

(I)   (II)

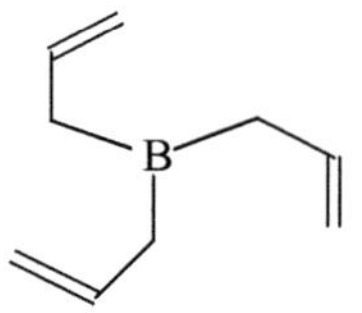

в)   г)

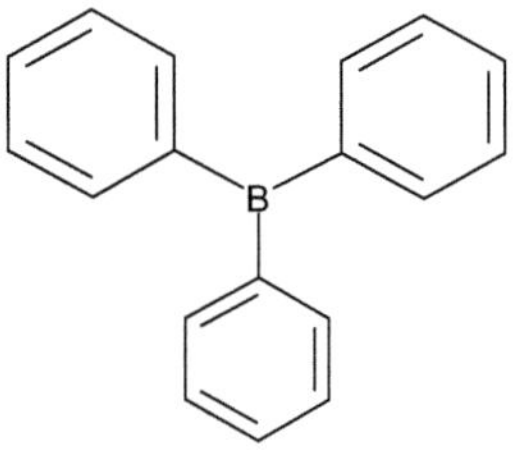

д)

Рис. 3.1. Структура соединений бора: а) триметилборана; б) триметоксиборана; в) тривинилборана; г) триаллилборана; д) трифенилборана

В соединениях триметилборана, триметоксиборана, тривинилборана, триаллилборана и трифенилборана бор трехкоординирован, поэтому наряду с другими подобными соединениями [13, 14, 23] в рассматриваемых молекулах имеются планарные фрагменты BR_3 (R=C, O). Исследования [85] структуры триметилборана (рис. 3.1 а)) методом дифракции электронов показали, что триметилборан имеет плоский скелет с длиной связи d(B–C)=1,578Å. Согласно исследованиям триметоксиборана [86] таким же методом фрагмент BO_3 в данном соединении (см. рис. 3.1б)) является планарным, но метильные группы отклонены от этой плоскости ($\approx$ на 40° согласно оценке из величины дипольного момента). Планарный фрагмент $B(OC)_3$ имеет точечную группу симметрии C_{3h}, d(B–O)=1,367(4)Å, d(O–C)=1,424(5)Å, α(BOC)=121,4°.

Согласно [87] известны 2 устойчивые конформации для тривинилборана I и II (рис. 3.1в)) с небольшой разницей в значениях полной энергии, равной 0,3 ккал/моль: конформация I обладает плоской структурой с точечной группой симметрии C_3, конформация II — менее плоская, структура характеризуется точечной группой симметрии C_1. Согласно данным метода электронографии [88] тривинилборан имеет плоскую структуру с длинами связи d(B–C)=1,558Å и d(C=C)=1,370Å. При интерпретации структурных данных тривинилборана необходимо использовать представления о делокализации π–электронов на вакантную р–орбиталь атома бора. Данный факт вызывает уменьшение длины связи B–C и увеличение длины связи C=C в $B(CH=CH_2)_3$ по сравнению с $B(CH_3)_3$ (1,578Å), $B(CH_2–CH=CH_2)_3$ (1,580Å) и $H_2C=CH_2$ (1,337Å), $CH_3–CH=CH_2$ (1,342Å) соответственно.

Исследования геометрического строения молекулы триаллилборана (см. рис. 3.1г)) методом газовой хроматографии [89] показали, что молекула имеет симметрию C_3. Значения длины связи составляют d(B–C)=1,580Å, d(C–C)=1,500Å, d(C=C)=1,330Å, значение угла α(CBC)=117,9°.

Исследования геометрии структуры трифенилборана (см. рис. 3.1в)) методом рентгеноструктурного анализа [90] показали, что группировка BC_3 планарна с тригональным расположением трехуглеродных атомов вокруг центрального бора (α(CBC)=120,0±0,4°). Длина связи B–C в этом соединении составляет 1,577 Å. В трифенилборане три ароматических кольца повернуты под углом примерно 30° к плоскости BC_3, и в связи с этим молекула приобретает очертания трехлопастного пропеллера. Трифенилборан можно представить также в виде двух энантиомерных форм в силу двух возможных ориентаций лопастей пропеллера [9].

В табл. 3.1 представлены результаты расчетов данных молекул ограниченным методом Хартри-Фока при использовании валентно-расщепленного базисного набора Поупла 6-31G [91, 92]. Оптимизация геометрии молекул триметилборана, триметоксиборана, тривинилборана, триаллилборана и трифенилборана осуществлялась с помощью стандартного пакета прикладных программ GAMESS [93].

Таблица 3.1

Значения длины связи (в Å) и углов между атомами (в °) для триметилборана (ТМБ), триметоксиборана (ТМОБ), тривинилборана (ТВБ) конформации I и II, триаллилборана (ТАБ) и трифенилборана (ТФБ)

Соединение	d(B-C)	d(B-O)	d(O-C)	d(C-H)	d(C=C)	d(C-C)	α(CBC) (α(OBO))
ТМБ	1,586	-		1,085	-	-	120,0
ТМОБ	-	1,368	1,431	1,080	-	-	120,0
ТВБ (I)	1,570	-	-	1,073-1,080	1,333	-	119,3 120,0 121,0
ТВБ (II)	1,569	-	-	1,073-1,081	1,333	-	117,58 120,34 122,08
ТАБ	1,594	-	-	1,073 1,078 1,090	1,325	1,503	120,0
ТФБ	1,578	-	-	1,073	1,402 1,387	-	120,0

Как видно из табл. 3.1, полученные в результате расчета значения геометрических параметров исследуемых малых соединений бора в целом соответствуют экспериментальным данным. Во всех молекулах сохраняется планарность структурной группировки BR_3 (R=C, O), что подтверждается значением углов связи α(CBC) и α(OBO). В случае молекулы триметоксиборана планарными являются группировки $B(OC)_3$, в случае молекул тривинилборана (I и II) и триаллилборана связи C=C и C-C выведены из плоскости BC_3. Для молекулы тривинилборана были рассчитаны две конформации (см. рис. 3.1): I (точечная группа симметрии C_3) и II (точечная группа симметрии C_1). Различие в значениях полной энергии данных молекул составляет 0,125 ккал/моль в пользу второй конформации. В трифенилборане ароматические кольца также

14

выведены из плоскости BC_3 и находятся под углом друг к другу, напоминая трехлопастный пропеллер.

Рассчитанная длина связи B-C находится в хорошем соответствии с экспериментальными данными в случае трифенилборана, однако для всех остальных исследуемых соединений она завышена в среднем на 0,008-0,014 Å.

Отметим, что значение рассчитанной длины связи C=C в молекуле тривинилборана конформации I и II занижено по сравнению с экспериментальным значением на 0,037 Å. Таким образом, можно отметить, что использованная схема расчета не позволяет учесть делокализацию π-электронов двойной связи C=C на вакантную p-орбиталь атома бора, которая приводит к увеличению длины связи C=C по сравнению с данным параметром, например, в этилене или пропене. В отличие от тривинилборана, в случае триаллилборана, для которого также характерна делокализация π-электронов двойной связи C=C на вакантную p-орбиталь атома бора, различие между рассчитанным и экспериментальным значением длины связи C=C составляют 0,005 Å.

Для молекулы триметоксиборана рассчитанное значение длины связи B-O находится в хорошем соответствии с экспериментальными данными, рассчитанное значение длины связи O-C превышает соответствующее экспериментальное значение на 0,007 Å.

Для описания нелинейных свойств молекул используется первая гиперполяризуемость, или молекулярная гиперполяризуемость, представляющая собой векторную часть тензора третьего ранга β_{ijk}:

$$P(r,t) = \alpha_{ij} E_j + \beta_{ijk} E_j E_k + \chi_{ijkl} E_j E_k E_l + ..., \qquad (1)$$

где P - поляризация среды, E – напряженность электрического поля, α_{ij} - линейная поляризуемость, β_{ijk} - квадратичная поляризуемость (нелинейная восприимчивость второго порядка), и т.д. В трехмерном случае величины P и E являются векторами, а поляризуемости, связывающие между собой несколько векторов, - тензорами соответствующих рангов [94]

Для молекулы тривинилборана конформации I и II были проведены расчеты компонент тензора нелинейной восприимчивости второго порядка $\beta_{ijk}(2\omega, \omega, \omega)$, используя которые можно определить молекулярные гиперполяризуемости β, являющиеся векторной частью тензора. Расчеты компонент тензора были проведены в условиях вакуума в статическом (ω=0, β_0) и динамическом (ω=1064 и 1340 нм) пределах.

Компоненты тензора были рассчитаны методом TDCPHF (возмущение электрического поля, включенное в нестационарный метод Хартри-Фока) при использовании базиса 6-31G. В методе TDCPHF компоненты тензоров находят путем дифференцирования дипольного момента молекулы или ее энергии по напряженности поля. В целях уменьшения вычислительных затрат в базис не были включены поляризационные и диффузионные функции.

Молекулярная гиперполяризуемость представляет собой векторную часть тензора β_{ijk}

$$\beta_{vec} = (\beta_i^2 + \beta_j^2 + \beta_k^2)^{1/2}, \tag{2}$$

Компоненты β_i, β_j и β_k ($i \to x, j \to y, k \to z$) при выполнении правила Клейнмана [95] определяются по формулам

$$\beta_i = \beta_{iii} + \beta_{ijj} + \beta_{ikk}, \tag{3}$$

$$\beta_j = \beta_{jjj} + \beta_{jii} + \beta_{jkk}, \tag{4}$$

$$\beta_k = \beta_{kkk} + \beta_{kii} + \beta_{kjj}. \tag{5}$$

При невыполнении правила Клейнмана (в конденсированных средах, а также в случаях, когда полосы поглощения молекул находятся между частотами, участвующими в преобразовании) компоненты тензора квадратичной поляризуемости определяются по формулам ниже

$$\beta_i = \beta_{iii} + \frac{1}{3}(2\beta_{jji} + \beta_{ijj} + 2\beta_{kki} + \beta_{ikk}), \tag{6}$$

$$\beta_j = \beta_{jjj} + \frac{1}{3}(2\beta_{iij} + \beta_{jii} + 2\beta_{kkj} + \beta_{jkk}), \tag{7}$$

$$\beta_k = \beta_{kkk} + \frac{1}{3}(2\beta_{iik} + \beta_{kii} + 2\beta_{jjk} + \beta_{kjj}). \tag{8}$$

В табл. 3.2 приведены рассчитанные значения энергии синглет-синглетных (s0-s1) электронных переходов E (эВ), силы осциллятора f (отн. ед.) и $\lambda_{\text{макс}}$ (нм) методом CIS/6-31G и значения молекулярной гиперполяризуемости β_{vec} (статический и динамический пределы) в условиях вакуума для молекулы тривинилборана конформации I и II (рис. 3.1) методом

TDCPHF/6-31G, где β_i, β_j и β_k рассчитаны по формулам (3)-(5) для статического предела и по формулам (6)-(8) для динамического предела.

Для всех конформаций молекулы тривинилборана были выделены два полностью разрешенных синглет-синглетных перехода с длиной волны не более 200 нм. В данные переходы вносят преимущественный вклад (не менее 75 %) переходы электрона с верхней занятой молекулярной орбитали (ВЗМО) на нижнюю вакантную молекулярную орбиталь (НВМО) и с ВЗМО-1 на НВМО.

Таблица 3.2

Рассчитанные значения энергии синглет-синглетных (s0-s1) электронных переходов E (эВ), силы осциллятора f (отн. ед.), $\lambda_{\text{макс}}$ (нм) и значения первой гиперполяризуемости β_{vec} (10^{-30} ед. СГСЭ) для тривинилборана конформации I и II

Конформация	s0-s1 переходы			β_{vec}		
	$\lambda_{\text{макс}}$	E	f	β_0	β (λ=1064 нм)	β (λ=1340 нм)
I	184,47 179,94	6,72 6,89	0,39 0,67	0,28	0,33	0,31
II	188,18 180,67	6,59 6,86	0,14 0,74	0,67	0,81	0,75

На рис. 3.2 и 3.3 представлено строение ВЗМО, ВЗМО-1 и НВМО для молекулы тривинилборана конформации I и II.

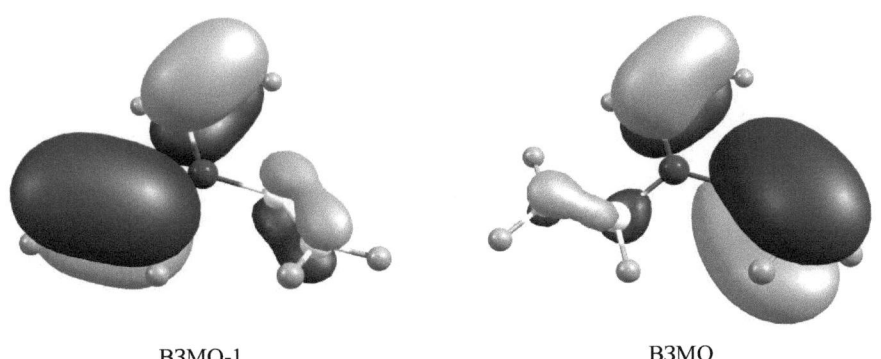

ВЗМО-1   ВЗМО

НВМО

Рис. 3.2. Строение ВЗМО, ВЗМО-1 и НВМО для молекулы тривинилборана
конформации I

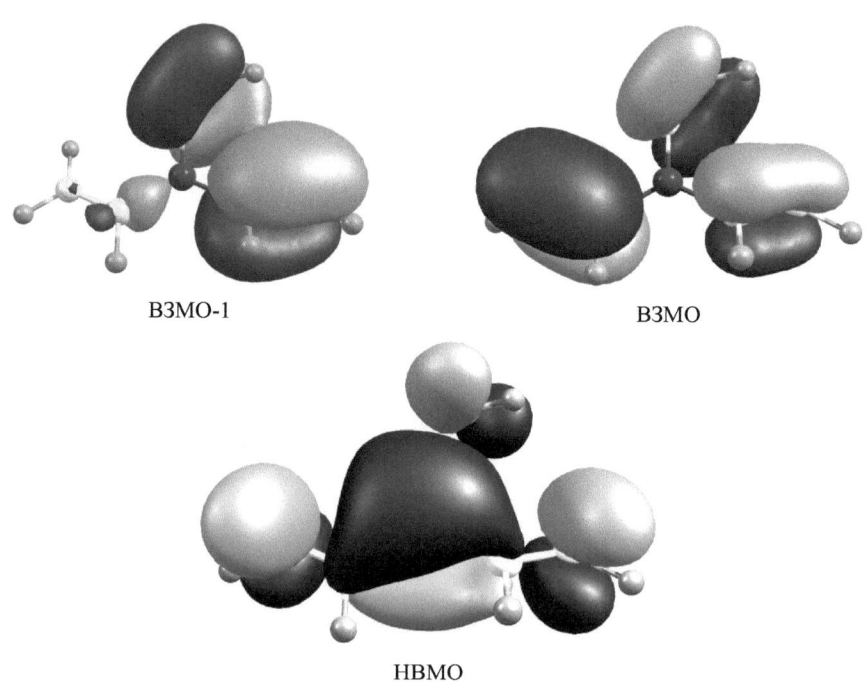

ВЗМО-1

ВЗМО

НВМО

Рис. 3.3. Строение ВЗМО, ВЗМО-1 и НВМО для молекулы тривинилборана
конформации II

Как видно из рис. 3.2 и 3.3 для НВМО тривинилборана I и II характерно концентрирование электронной плотности на атоме бора, для ВЗМО и ВЗМО-1 электронная плотность концентрируется на винильных группах. Таким образом, рассматриваемые переходы являются переходами с переносом заряда, в результате которых происходит перенос электрона от π-ненасыщенных фрагментов винильных групп на вакантную p-орбиталь атома бора.

Значения первой гиперполяризуемости β_{vec} (статический и динамический пределы) (см. табл. 3.2) для молекулы тривинилборана располагаются в пределах 0.28-0.81•10^{-30} ед. СГСЭ. Значения β_{vec} для всех конформаций тривинилборана увеличиваются от β_0 к β ((λ=1064 нм), но затем при переходе к β ((λ=1340 нм) наблюдается их уменьшение.

Пространственное строение молекулы тривинилборана оказывает влияние на величину β_{vec}: для молекулы тривинилборана конформации II β_{vec} (в статическом и динамическом пределах) примерно в 2,4 раза выше соответствующего параметра для конформации I.

3.2 Оптические свойства протяженных соединений бора

На рис. 2.3 представлены структуры триантрацилборана и его производных, синтезированных в [82].

Как показано в [82], с увеличением числа бензольных колец в системах, величина λ_{max} в спектрах поглощения в УФ и видимой областях данных соединений (в тетрагидрофуране) увеличивается: для системы I λ_{max} составляет 470 нм, для систем II и III 524 и 535 нм соответственно. Данный факт свидетельствует об увеличении системы π-сопряжения в данных системах, чему способствует включение вакантной p-орбитали атома бора в π-системы антрацильных и триметилфенильных заместителей.

В табл. 3.3 представлены результаты расчетов энергии синглет-синглетных электронных переходов, силы осциллятора и соответствующие значения $\lambda_{макс}$ триантрацилборанов и его производных (системы I-III) методом CIS/6-31G.

Рассчитанные значения энергии синглет-синглетных (s0-s1) электронных переходов E (эВ), силы осциллятора f (отн. ед.) и $\lambda_{\text{макс}}$ (нм) для триантрацилборанов и его производных

Система	s0-s1 переходы (расчет)			Эксперимент
	E	f	$\lambda_{\text{макс}}$	$\lambda_{\text{макс}}$
I	4,47	0,53	277,00	470
II	4,31	0,70	286,81	524
III	4.20	0.98	294,86	535

Структура рассчитанных молекул I-III соответствует экспериментальным структурным данным для данных систем [82] и трифенилборана [90]. Система I и II относятся к точечной группе симметрии C_3, система III – к точечной группе симметрии C_2. В системах I-III фрагменты BC_3, состоящие из атома бора и трех атомов углерода (в системе II их 4, в системе III - 6), планарны, при этом заместители (бензольные кольца и антрацильные фрагменты) повернуты под углом к данной плоскости. Длина связи B-C составляет 1,607, 1,600-1,619, 1,575-1,583 Å для систем I, II и III соответственно (экспериментальное значение длины связи B-C в трифенилборане составляет 1,577 Å).

Согласно полученным результатам, в системе I первое возбужденное состояние с $\lambda_{\text{макс}}$=277,00 нм дважды вырожденное (симметрия E). Электронный переход из основного состояния симметрии A в данное возбужденное симметрии E разрешен как по спину электрона, так и по симметрии состояний, между которыми происходит переход, поэтому сила осциллятора данного перехода достаточно велика, а значит велика и интегральная интенсивность, определяемая площадью полосы поглощения. В данное возбужденное состояние вносят значительный вклад (70 %) электронные переходы на НВМО с ВЗМО и ВЗМО-1. На рис. 3.4 показано строение ВЗМО, ВЗМО-1 и НВМО для системы I.

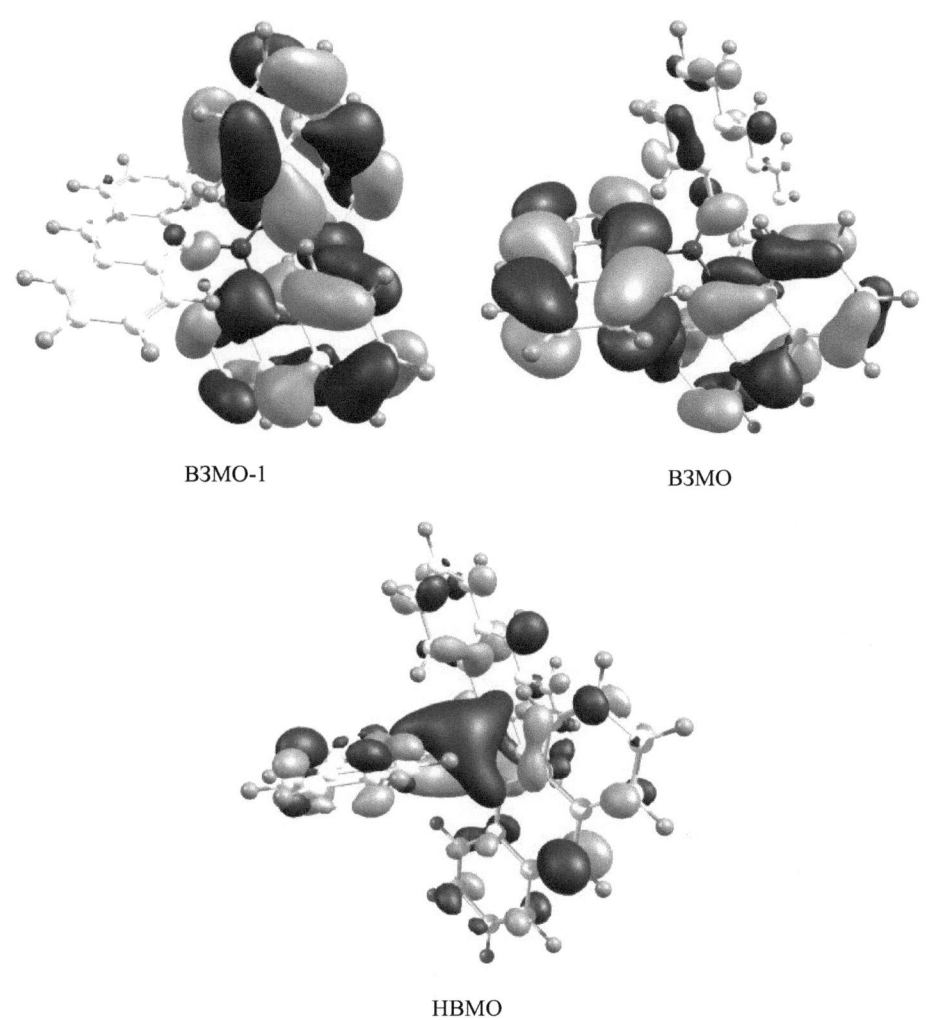

ВЗМО-1   ВЗМО

НВМО

Рис. 3.4. Строение ВЗМО, ВЗМО-1 и НВМО для системы I

Для системы II первое возбужденное состояние с $\lambda_{макс}$ =286,81 нм также дважды вырожденное (симметрия E). Электронный переход из основного состояния симметрии A в данное возбужденное состояние симметрии E имеет большую интегральную интенсивность (f=0,70), чем в системе I (f=0,53). В первое возбужденное состояние вносят значительный вклад (80,2%) электронные переходы с ВЗМО и ВЗМО-1 на НВМО.

На рис. 3.5 представлено строение ВЗМО, ВЗМО-1 и НВМО для системы II.

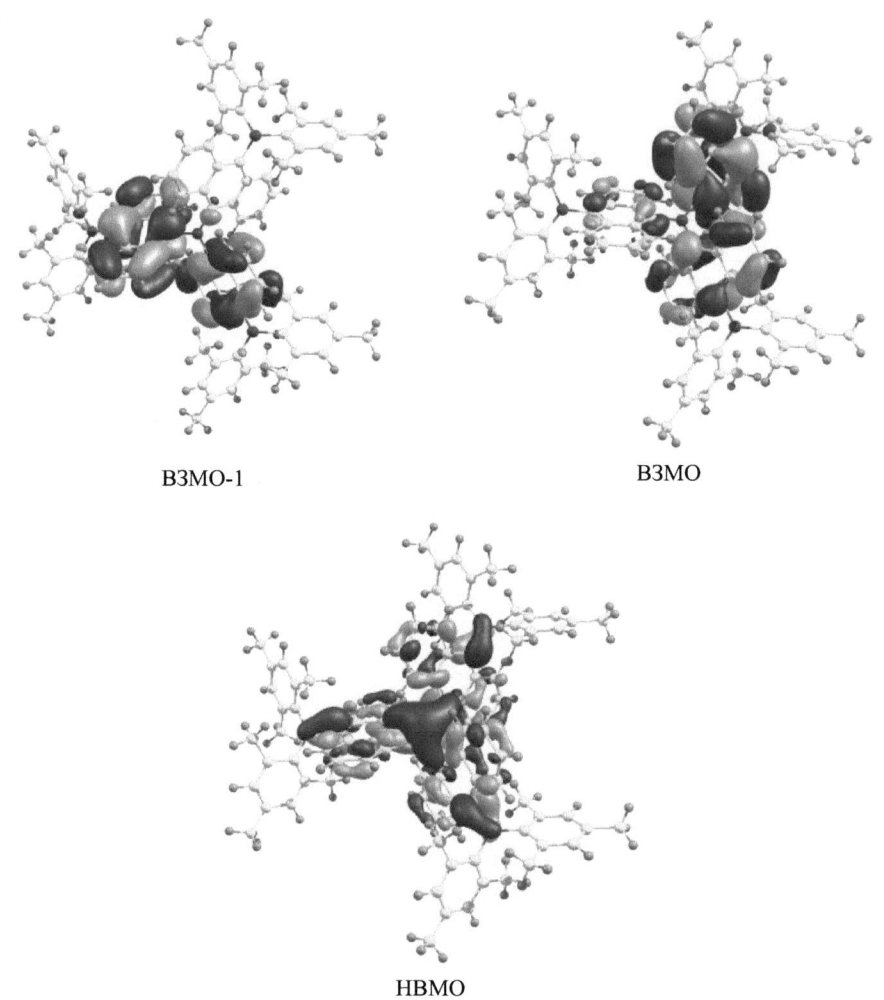

ВЗМО-1   ВЗМО

НВМО

Рис. 3.5. Строение ВЗМО, ВЗМО-1 и НВМО для системы II

В системе III в возбужденное состояние с минимальной энергией перехода 4,20 эВ вносит преимущественный вклад (70%) очень интенсивный электронный переход с ВЗМО на НВМО. Данное возбужденное состояние имеет симметрию А, электронный переход из основного состояния с симметрией А в первое возбужденное состояние с симметрией также А является полностью разрешенным переходом, значение силы осциллятора для данного перехода (f=0,98) в системе превышает таковые в системах I и II. На рис. 3.6 представлено строение ВЗМО и НВМО для системы III.

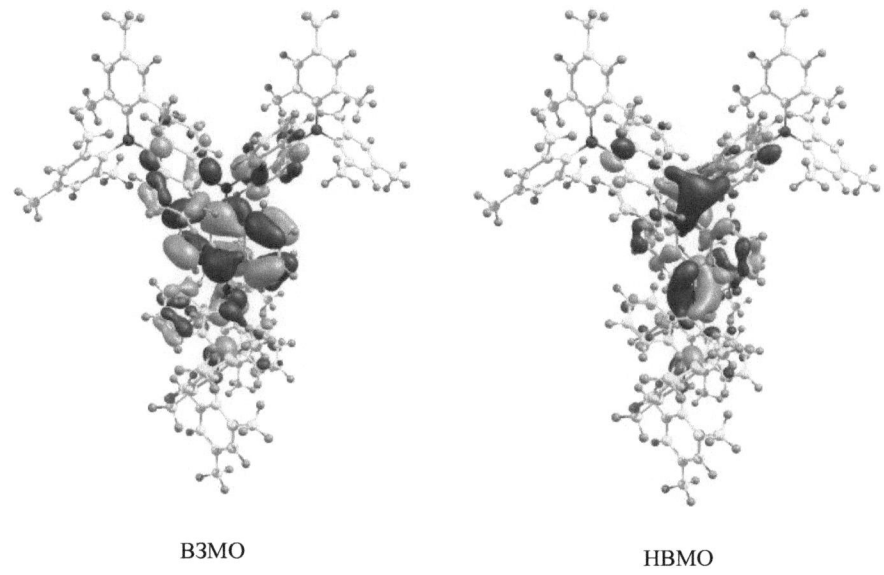

ВЗМО   НВМО

Рис. 3.6. Строение ВЗМО и НВМО для системы III

Как видно из рис. 3.4-3.6, для систем I-III происходит значительное перераспределение электронной плотности в молекулах при возбуждении. А именно, для молекулярных орбиталей, на которые происходят рассматриваемые электронные переходы (НВМО), для всех систем характерно накопление электронной плотности на атомах бора, в случае молекулярных орбиталей, с которых происходит электронный переход (ВЗМО и ВЗМО-1), электронная плотность преобладает на ненасыщенных бензольных и антрацильных фрагментах молекул. Таким образом, рассматриваемые электронные переходы в системах I-III можно рассматривать как электронные переходы с переносом заряда, при которых происходит переход электрона с орбитали, принадлежащей π-сопряженной ароматической системе, на вакантную p-орбиталь атома бора.

Сравнение полученных результатов (табл. 3.3) для систем I-III показало также, что увеличение ненасыщенных фрагментов в молекулах (переход от системы I к системе III) приводит к батохромному сдвигу (увеличение длины волны соответствующих электронных переходов), что соответствует экспериментальным данным, и к увеличению интегральной интенсивности переходов.

Однако, рассчитанные значения $\lambda_{макс}$ для систем I-III существенно занижены по сравнению с экспериментальными данными: для системы I – на 193,00 нм, для системы II – на 237,19 нм, для системы III – на 239,70 нм. В связи с этим, мы постарались учесть влияние растворителя (тетрагидрофурана) на значение энергии перехода для данных систем, в частности для системы I. Для этого были проведены оптимизация структуры и расчеты энергии синглет-синглетных электронных переходов, силы осциллятора и соответствующие значения $\lambda_{макс}$ для молекулы I в окружении 8 и 16 молекул тетрагидрофурана. Расположение молекул тетрагидрофурана вокруг системы I исключало ковалентное взаимодействие между молекулами I и растворителя (рис. 3.7). Структуры молекулы I в окружении 8 и 16 молекул тетрагидрофурана относятся в отличие от системы I к точечной группе симметрии C_1.

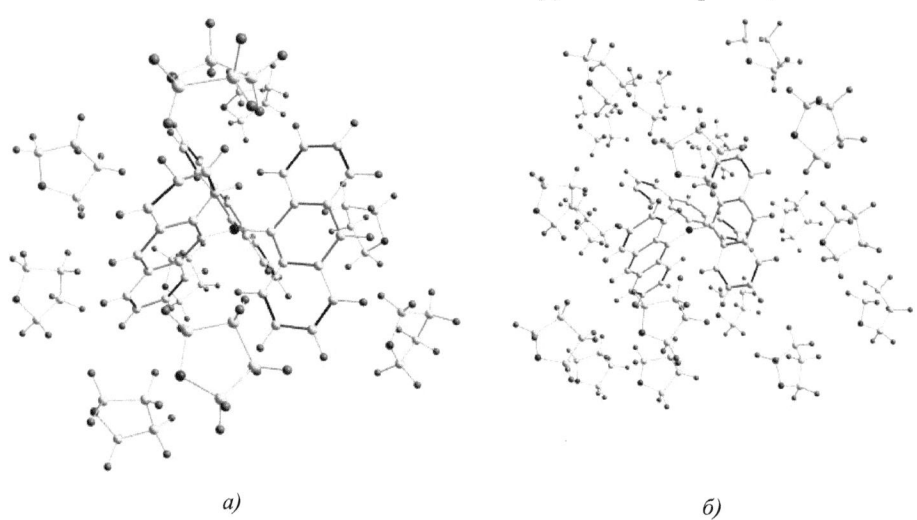

а)   *б)*

Рис. 3.7. Молекула I в окружении *а)* – восьми; *б)* – шестнадцати молекул тетрагидрофурана

В табл. 3.4 представлены результаты расчетов методом CIS/6-31G энергии синглет-синглетных электронных переходов, силы осциллятора и соответствующие значения $\lambda_{\text{макс}}$ для системы I в окружении 8 и 16 молекул тетрагидрофурана.

Таблица 3.4

Рассчитанные значения энергии синглет-синглетных (s0-s1) электронных переходов E (эВ), силы осциллятора f (отн. ед.) и $\lambda_{\text{макс}}$ (нм) для системы I в окружении 8 и 16 молекул тетрагидрофурана (THF)

Система	s0-s1 переходы (расчет)			Эксперимент
	E	f	$\lambda_{\text{макс}}$	$\lambda_{\text{макс}}$
I-8THF	4.47	0,44	277,47	470
I-16THF	4,38	0,46	282,84	

Как видно из табл. 3.4, наличие молекул растворителя тетрагидрофурана, уменьшает энергию перехода в системе I, причем тем больше, чем большее количество молекул окружают исходную молекулу I.

Результаты расчетов показали, что для систем I-8THF и I-16THF по сравнению с системой I вырождение первого возбужденного состояния снимается. Симметрия данного возбужденного состояния для обоих систем - А, и переходы из основного состояния с симметрией А в возбужденное состояние также с симметрией А для систем I-8THF и I-16THF разрешены как по спину электрона, так и по симметрии состояний, между которыми происходит переход, и характеризуются соответствующим по величине значениями силы осцилляторов. На рис. 3.8 и 3.9 показано строение ВЗМО и НВМО, участвующих в рассматриваемых электронных переходах в системах I-8THF и I-16THF и вносящих вклад в образование соответствующих возбужденных состояний. Как видно из рис. 3.8 и 3.9, ВЗМО и НВМО систем I-8THF и I-16THF представляют собой молекулярные орбитали молекулы I.

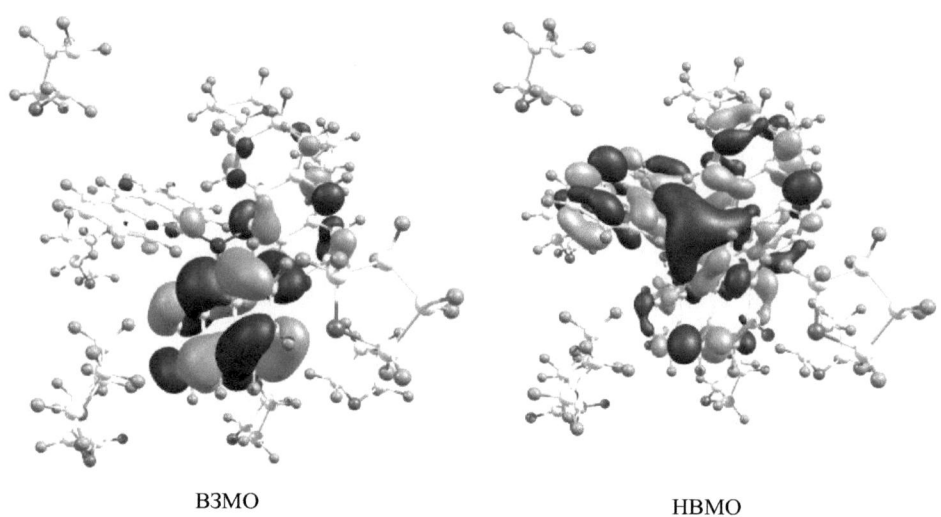

ВЗМО   НВМО

Рис. 3.8. Строение ВЗМО и НВМО, участвующих в образовании первого возбужденного состояния для молекулы I в окружении 8 молекул тетрагидрофурана

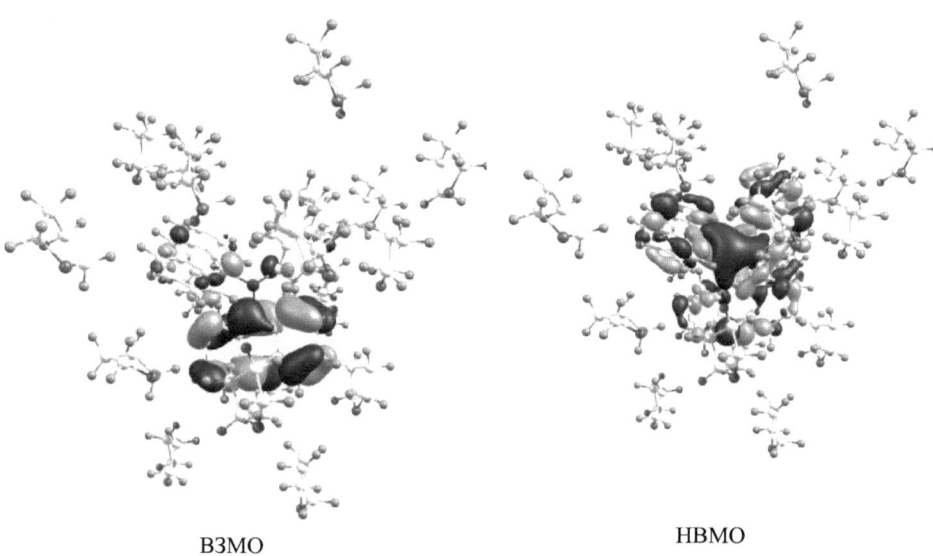

ВЗМО   НВМО

Рис. 3.9. Строение ВЗМО и НВМО, участвующих в образовании первого возбужденного состояния для молекулы I в окружении 16 молекул тетрагидрофурана

На рис. 3.10 представлены структуры субфталоцианинов IVa,б из [39, 96, 97].

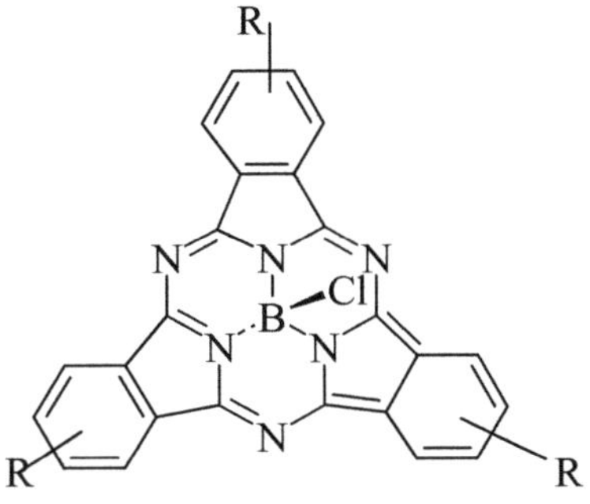

R=H (IVa), NO$_2$ (IVб)

Рис. 3.10. Структуры субфталоцианинов IVa, б

Субфталоцианины относятся к системам, в которых донорные и акцепторные группы соединены π–сопряженными мостиками, и возможен при определенных условиях внутримолекулярный перенос заряда от электронобогатого четырехкоординированного атома бора к терминальным электроноакцепторным группам. В связи с этим субфталоцианины могут проявлять нелинейные оптические свойства второго порядка, при этом особенности структуры данных систем (молекулы имеют приблизительную симметрию C$_3$) определяют значительный вклад в тензор гиперполяризуемости первого порядка β его недиагональных компонент [98]

В табл. 3.5 представлены результаты расчетов методом CIS/6-31G энергии синглет-синглетных электронных переходов E, силы осциллятора f и $\lambda_{макс}$ для субфталоцианинов IVa, б, а также экспериментальные значения из [39, 96-98].

Таблица 3.5

Рассчитанные значения энергии синглет-синглетных (s0-s1) электронных переходов E (эВ), силы осциллятора f (отн. ед.) и $\lambda_{макс}$ (нм) для систем IVa, б

Структура	$\lambda_{макс}$ (эксп)	s0-s1 переходы (расчет)		
		$\lambda_{макс}$	E	f
IVa	565	354,28	3,49	0,91
IVб	586	352,68	3,51	0,74

Сравнение полученных результатов $\lambda_{\text{макс}}$ с экспериментальными данными показало, что рассчитанные значения длины волны для данных систем в вакууме ниже экспериментальных значений на 210,72 нм для системы IVа и на 233,32 нм для системы IVб. Такое занижение величин $\lambda_{\text{макс}}$ связано в первую очередь с влиянием растворителя. Причем введение акцепторных нитрогрупп в молекулу субфталоцианина практически не изменяет величину $\lambda_{\text{макс}}$, однако приводит к уменьшению интегральной интенсивности электронного перехода, соответствующего $\lambda_{\text{макс}}$.

Полученные результаты расчетов показали, что для субфталоцианинов IVа, б первые возбужденные состояния дважды вырождены и имеют симметрию Е. Одноэлектронные s0-s1 переходы из состояния симметрии А в состояние с симметрией Е являются полностью разрешенными переходами с высокими значениями силы осциллятора. Для систем IVа, б в образование первого возбужденного состояния вносят вклад преимущественно электронные переходы с ВЗМО на НВМО и НВМО+1. На рис. 3.11 и 3.12 представлено строение ВЗМО, НВМО и НВМО+1 для данных систем.

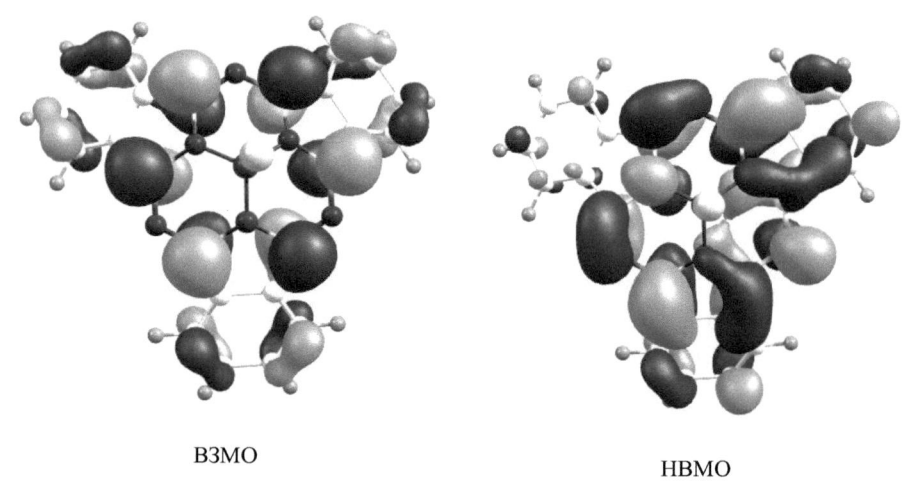

ВЗМО   НВМО

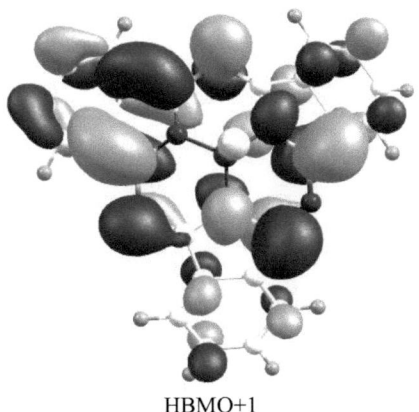

HBMO+1

Рис. 3.11. Строение ВЗМО, НВМО, НВМО+1 для субфталоцианина IVa

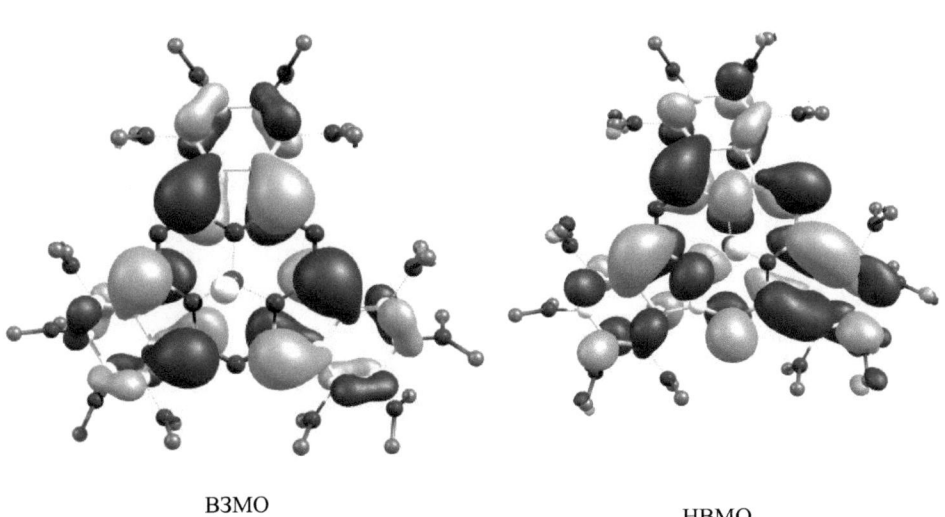

ВЗМО   НВМО

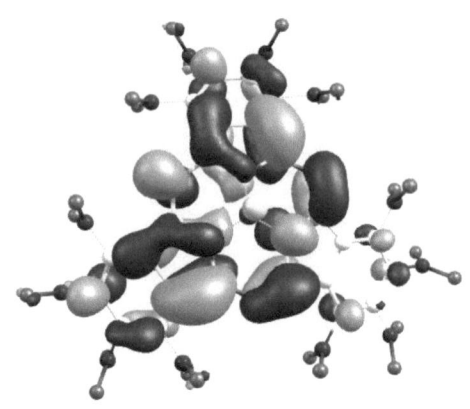

HBMO+1

Рис. 3.12. Строение ВЗМО, НВМО и НВМО+1 для субфталоцианина IVб

Как видно из рис. 3.11 и 3.12, для НВМО систем IVа, б не наблюдается накопление электронной плотности на атоме бора. В случае субфталоцианина IVб это может свидетельствовать в пользу возможного внутримолекулярного переноса электронного заряда от четырехкоординированного электронобогатого атома бора к концевым электроноакцепторным группам NO_2.

Для субфталоцианинов IVа, б были проведены расчеты методом TDCPHF/6-31G компонент тензора нелинейной восприимчивости второго порядка $\beta_{ijk}(2\omega, \omega, \omega)$, используя которые можно определить молекулярные гиперполяризуемости β, являющиеся векторной частью тензора. Расчеты компонент тензора были проведены в условиях вакуума и с учетом растворителя хлороформа в модели поляризуемого континуума (РСМ) [99, 100] в статическом ($\omega=0$, β_0) и динамическом ($\omega=1064$ и 1340 нм) пределах.

В связи с тем, что рассматриваемые субфталоцианины являются системами с неодномерной гиперполяризуемостью, то в тензоре $\beta_{ijk}(2\omega, \omega, \omega)$ становятся значимыми недиагональные компоненты, по сравнению с диагональными элементами. Так, в данных системах значительный вклад имеют компоненты тензора $\beta yxx=\beta xxy$, например, для системы IVа при $\omega=0$ $\beta yxx=\beta xxy=34,53{\cdot}10^{-30}$ ед. СГСЭ, $\beta xxx=-100,83{\cdot}10^{-30}$ ед. СГСЭ, $\beta yyy=-33,64{\cdot}10^{-30}$ ед. СГСЭ, при $\omega=1064$ нм $\beta yxx=\beta xxy=250,69{\cdot}10^{-30}$ ед. СГСЭ, $\beta xxx=-71,06{\cdot}10^{-30}$

ед. СГСЭ, βууу=-239,73•10^{-30} ед. СГСЭ, при ω=1340 нм βухх=βхху=77,50•10^{-30} ед. СГСЭ, βххх=-22,22•10^{-30} ед. СГСЭ, βууу=-74,61$10^{-30}$ ед. СГСЭ.

В табл. 3.6 представлены значения молекулярной гиперполяризуемости β_{vec}, где β_i, β_j и β_k рассчитаны по формулам (3)-(5) для статического предела и по формулам (6)-(8) для динамического предела систем IVа, б. В табл. 6 представлены также результаты эксперимента для данных систем [39, 96, 97], для $\lambda_{макс}$ и β при различных длинах волн падающего излучения (измерения HRS в $CHCl_3$). Высокие экспериментальные значения β по мнению авторов объясняются преимущество вкладом флуоресценции на длине волны второй гармоники и невозможностью выделения ее интенсивности.

Таблица 3.6

Рассчитанные значения первой гиперполяризуемости (10^{-30} ед. СГСЭ)
для систем IVа, б

Структура	Эксперимент (измерения HRS в $CHCl_3$)		Расчет					
			В условиях вакуума			С учетом растворителя $CHCl_3$ (модель PCM)		
	β (λ=1064 нм)	β (λ=1340 нм)	β_0	β (λ=1064 нм)	β (λ=1340 нм)	β_0	β (λ=1064 нм)	β (λ=1340 нм)
IVа	92	296	0,19	17,17	3,01	5,69	151,15	11,86
IVб	-	2000	16,77	120,21	40,53	42,42	368,69	80,59

Как видно из табл. 3.6, для субфталоцианинов IVа, б рассчитанные значения β при λ=1064 и 1340 нм оказались заниженными по сравнению с экспериментальными данными, однако при учете растворителя в модели PCM данная тенденция выражена в меньшей степени. Для системы IVа расчет не показал увеличения β при увеличении длины волны излучения от λ=1064 нм к 1340 нм, но заметно, что при λ=1340 нм введение акцепторных нитрогрупп в молекулу субфталоцианина увеличивает как статическую, так и динамическую молекулярную гиперполяризуемость, что соответствует экспериментальным данным. Согласно расчетным данным значение первой гиперполяризуемости возрастает от λ=0 (статический предел) к λ=1064 нм, затем при λ=1340 нм значение β уменьшается.

3.3 Моделирование геометрического строения и оптических свойств борорганических дендримеров с трехкоординированным атомом бора в ядре

На рис. 3.13 представлены структуры моделируемых борорганических дендримеров первой генерации.

Структуры всех моделируемых борорганических дендримеров I включают ядро А, повторяющиеся звенья В и терминальные группы R. В данных структурах реализуются основные требования (см., например, [101, 102]), которым должны удовлетворять нелинейные оптические материалы: наличие донорных и акцепторных фрагментов, соединенных между собой сопряженной π-электронной системой.

Как известно, на внешней электронной оболочке атома бора находится три электрона. Один из спаренных 2s−электронов сравнительно легко промотирует на 2p−орбиталь, и тогда бор функционирует как трехвалентный. В случае образования связей B–C(sp), B–C(sp^2) возможно дополнительное π−связывание за счет включения вакантной p−орбитали бора в π−систему непредельного фрагмента [13-18].

Более того, в этом случае электронодефицитный характер атома бора должен способствовать внутримолекулярному переносу заряда от π−сопряженных электронодонорных заместителей в центр молекул. Такие системы представляют собой push−pull молекулы, в которых имеются донорные и акцепторные группы, соединенные π−сопряженным мостиком, проявляющие нелинейные оптические свойства [103-106].

Как видно из рис. 3.13, в структуре борорганических дендримеров I трехкоординированный электронодефицитный атом бора связан через ненасыщенные π-сопряженные фрагменты с терминальными группами R_1-R_{10}. В дендримере I-R_1 нанасыщенная π-электронная система одновременно является донором π-электронов на вакантную p-орбиталь атомов бора. Присоединение к π-ненасыщенным фрагментам терминальных групп R_2-R_{10} должно усиливать электронодонорные свойства ненасыщенных фрагментов.

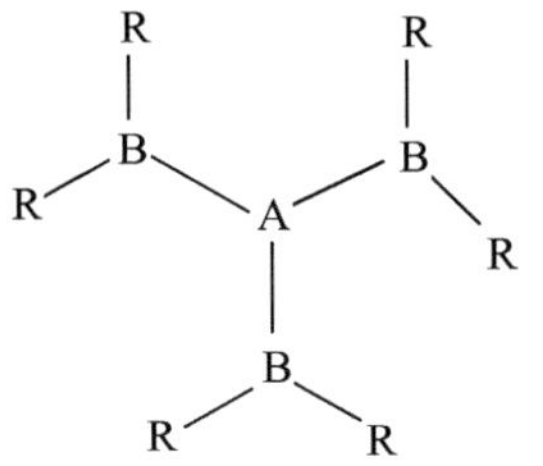

A: B(CH=CH-CH=CH)₃
B: B(CH=CH-CH=CH)₂

I

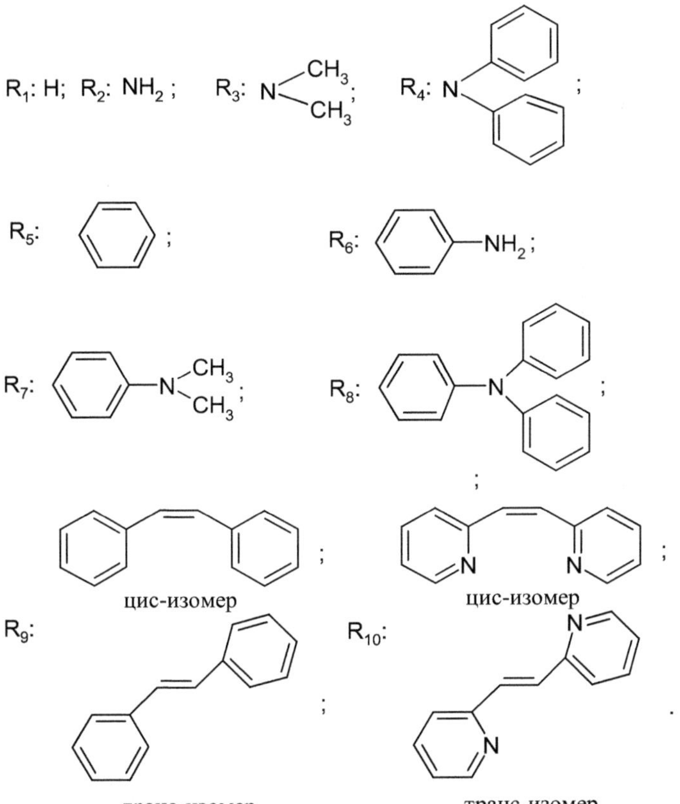

R₁: H; R₂: NH₂; R₃: N(CH₃)(CH₃); R₄: N(C₆H₅)₂;

R₅: (phenyl);

R₆: (aniline)-NH₂;

R₇: (phenyl)-N(CH₃)(CH₃);

R₈: (triphenylamine);

R₉: цис-изомер; транс-изомер

R₁₀: цис-изомер; транс-изомер

Рис. 3.13. Структуры моделируемых дендримеров бора I с различными функциональными группами R

Исследования поверхности потенциальной энергии (ППЭ) для борорганического дендримера I-R$_1$ методом HF/6-31G показали наличие трех стационарных точек, соответствующих трем конформациям молекулы, представленным на рис. 3.14. Величины полной энергии для данных конформаций отличаются не более, чем на 0,32 эВ, и составляют для конформеров I: -40428,38, II: -40428,19, III: -40428,06 эВ. Таким образом, более стабильным является конформер I.

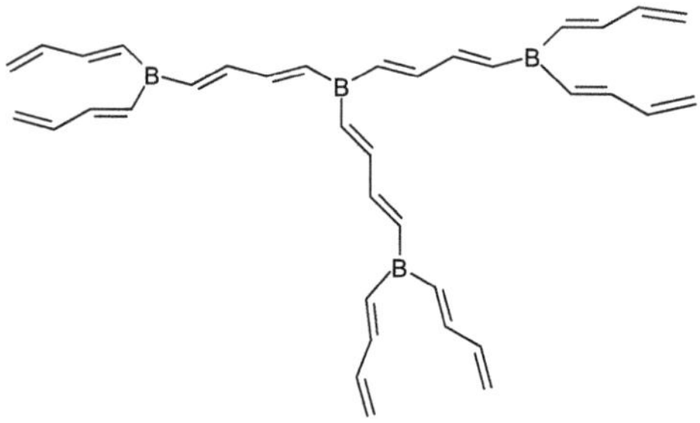

I 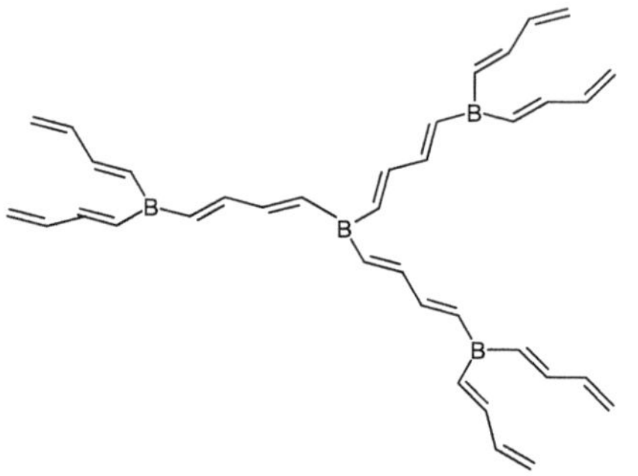   II

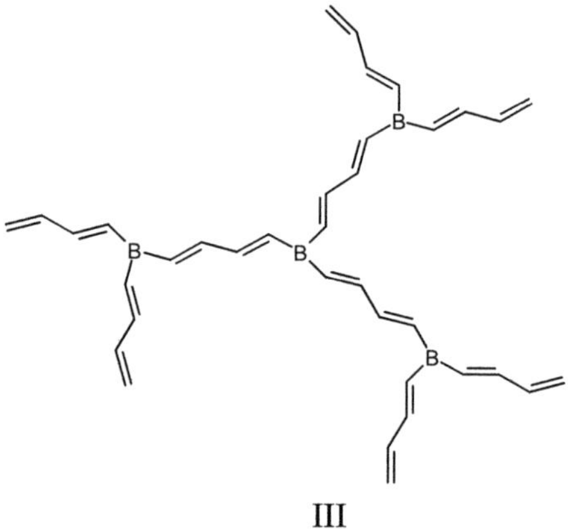

III

Рис. 3.14. Структуры конформеров I-R$_1$

Структуры данных конформеров отличаются различным расположением углеводородных цепочек, обусловленными их вращением вокруг связи B-C.

Отметим, что во всех трех конформациях все атомы бора и связанные с ними углеродные атомы находятся в одной плоскости, то есть фрагменты BC_3, как и следовало ожидать для углеродных соединений с трехкоординированным атомом бора, планарны.

Рассчитанные значения полной энергии конформаций системы I-R_1 показали, что барьеры вращения невысоки, и в конденсированном состоянии, под влиянием окружения (подобных молекул или молекул растворителя) данные конформации могут легко переходить друг в друга.

Основываясь на проведенных выше исследованиях существования возможных конформаций и их относительной стабильности для систем I на примере R_1=H, обусловленных вращением углеводородных цепочек относительно связи B-C, расчеты, связанные с оптимизацией геометрии, электронных переходов и значений первой гиперполяризуемости, проводились для систем I с другими терминальными группами только для их более устойчивой конформации I.

Оптимизацию геометрию систем I осуществляли без ограничения симметрии, т.к. точечной группой симметрии данных систем является группа C_1. Для системы I с терминальными группами R_9 и R_{10} были рассчитаны их цис- и транс-изомеры.

В табл. 3.7 представлены рассчитанные значения энергии синглет-синглетных электронных переходов E (эВ), силы осциллятора f (отн.ед.) и $\lambda_{макс}$ (нм) методом CIS/6-31G и значения первой гиперполяризуемости (статический и динамический пределы) методом TDCPHF/6-31G для моделируемых дендримеров I с терминальными группами R_1-R_4 и $R=NO_2$. Статические гиперполяризуемости β_0 были рассчитаны по формулам (2)-(5), динамические β при длинах волн излучения 1064 и 1340 нм – по формулам (2), (6)-(8).

Для системы I-R_1 конформации I (см. рис. 3.14) были рассчитаны два возбужденных состояния с близкими значениями длины волны. В первое возбужденное состояние ($\lambda_{макс}$=234,03 нм) вносит преимущественный вклад (85 %) полностью разрешенный электронный переход с ВЗМО на НВМО, во второе возбужденное состояние ($\lambda_{макс}$=230,06 нм) – также полностью разрешенный электронный переход с ВЗМО-1 на НВМО (вклад составляет 77,5%).

Рассчитанные значения энергии синглет-синглетных электронных переходов E (эВ), силы осциллятора f (отн.ед.) и $\lambda_{\text{макс}}$ (нм) и значения первой гиперполяризуемости β_{vec} (статический и динамический пределы) (10^{-30} ед. СГСЭ) для моделируемых дендримеров I с терминальными группами R_1-R_4 и R=NO$_2$

Структура	s0-s1 переходы			Первая гиперполяризуемость β_{vec}		
	$\lambda_{\text{макс}}$	E	f	β_0	β (λ=1064 нм)	β (λ=1340 нм)
I-R$_1$(I)	234,03 230,06	5,29 5,39	2,29 1,59	12,53	20,29	16,72
I-R$_1$(II)	233,71 228,98	5,30 5,41	1,55 2,42	11,72	17,81	15,05
I-R$_1$(III)	229,92 225,29	5,39 5,50	1,09 2,49	17,36	25,62	21,94
I-R$_2$(I)	236,66 236,20 233,76	5,24 5,25 5,30	0,31 0,90 0,62	8,93	15,30	12,30
I-R$_3$(I)	242,67 242,24 239,59	5,11 5,12 5,17	0,33 0,91 0,75	12,85	22,26	17,82
I-R$_4$(I)	238,56 237,93 236,45	5,20 5,21 5,24	0,65 0,71 0,93	15,94	23,08	21,83
I-R=NO$_2$	254,57 248,95	4,87 4,98	3,34 1,38	12,05	19,70	16,20

Данные переходы характеризуются высокими значениями силы осциллятора, а анализ распределения электронной плотности на орбиталях, участвующих в данных электронных переходах, показал (см. рис. 3.15), что данные переходы являются переходами с переносом заряда.

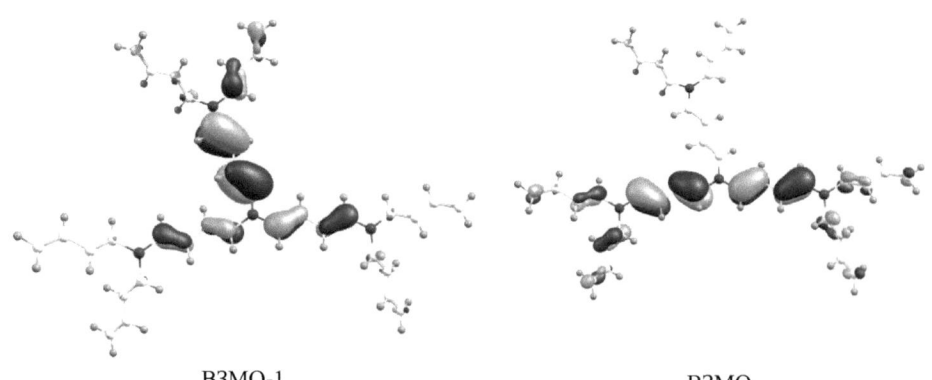

ВЗМО-1

ВЗМО

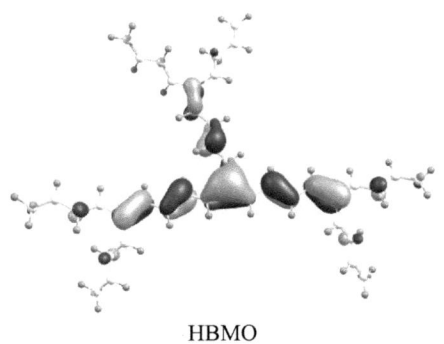

НВМО

Рис. 3.15. Строение ВЗМО-1, ВЗМО и НВМО для дендримера I-R₁ конформации I

В результате данных электронных переходов происходит перемещение электронной плотности с π-сопряженной системы – углеводородных фрагментов - на вакантную p-орбиталь атомов бора, т.к. для НВМО наблюдается концентрирование электронной плотности на атомах бора, по сравнению с ВЗМО и ВЗМО-1.

С целью изучения влияния строения конформаций для дендримера I-R₁ были рассчитаны энергии электронных переходов и значения первых гиперполяризуемостей для данной системы также конформаций II и III. Как видно из табл. 3.7, значения электронных переходов с $\lambda_{\text{макс}}$ для конформации II меньше, чем для I, но больше, чем для III. Однако значения как статической, так и динамических β для третьей конформации самые высокие. По-видимому, для конденсированной фазы соединения I-R₁, когда ввиду невысоких барьеров вращения конформации I-III будут легко переходить друг в друга, значения длин волн электронных переходов и первой гиперполяризуемости будут усредненными для трех конформаций.

Из табл. 3.7 видно, что присоединение терминальной электронодонорной группы NH₂ к структуре борорганического дендримера I приводит к некоторому снижению величин статической и динамических первых гиперполяризуемостей при одновременном увеличении длины волны синглет-синглетных электронных переходов, по сравнению с дендримером I-R₁(I). Например, величина β_0 для дендримера I-R₁(I) составила 12,53•10⁻³⁰ ед. СГСЭ, для дендримера I-R₂(I) - 8,93•10⁻³⁰ ед. СГСЭ. Присоединение терминальных групп R₃ и R₄ к структуре борорганического дендримера приводит к

37

повышению величин первой гиперполяризуемости, по сравнению и с дендримером I-R$_1$(I), и с дендримером I-R$_2$(I). Для дендримера I-R$_4$(I), по сравнению с дендримером I-R$_3$(I), увеличение первой гиперполяризуемости характеризуется меньшим увеличением длины волны синглет-синглетных переходов.

Таким образом, из рассматриваемых в табл. 3.7 моделируемых дендримеров конформации I наибольшим требованиям нелинейных оптических материалов, связанным с высокими значениями квадратичных нелинейных оптических восприимчивостей и оптической прозрачностью в области электронных переходов [101, 102], удовлетворяет дендример I-R$_4$(I).

С увеличением размеров дендримера I-R$_2$(I)-I-R$_4$(I) и протяженности π-электронной системы в их структуре нельзя выделить какой-либо электронный переход, вносящий преимущественный вклад в данное возбужденное состояние. Каждое из приведенных в табл. 3.7 возбужденных состояний образовано несколькими электронными переходами с невысокими вкладами. Отметим, что данные электронные переходы представляют собой переходы с занятых молекулярных орбиталей (ВЗМО, ВЗМО-1 или ВЗМО-2), для которых характерно концентрирование электронной плотности на ненасыщенных π-электронных фрагментах, на нижние вакантные молекулярные орбитали (НВМО, НВМО+1 или НВМО+2) с преимущественным концентрированием электронной плотности на атомах бора (см. аналогично I-R$_1$(I) рис. 16). Таким образом, данные электронные переходы представляют собой переходы с переносом заряда, включающие перенос π-электронной плотности с ненасыщенных фрагментов на вакантную р-орбиталь атомов бора.

Для сравнения влияния электроноакцепторных групп на нелинейные оптические свойства дендримера I были проведены также расчеты дендримера с терминальной нитрогруппой. Полученные результаты представлены в последней строке табл. 3.7. Значения первых гиперполяризуемостей дендримера I-R=NO$_2$(I) немного ниже соответствующих величин для дендримера I-R$_1$(I), при этом длина волны синглет-синглетных переходов значительно выше. Таким образом, можно отметить, что введение акцепторных групп к дендримеру I незначительно снижает величины первых гиперполяризуемостей, но уменьшает область прозрачности в необходимом диапазоне длин волн, по сравнению с электронодонорными группами.

38

В табл. 3.8 представлены рассчитанные значения энергии синглет-синглетных электронных переходов E (эВ), силы осциллятора f (отн.ед.) и $\lambda_{макс}$ (нм) методом CIS/6-31G и значения первой гиперполяризуемости (статический и динамический пределы) методом TDCPHF/6-31G для моделируемых дендримеров I-R_5(I)-I-R_8(I). Статические гиперполяризуемости β_0 были рассчитаны по формулам (2)-(5), динамические β при длинах волн излучения 1064 и 1340 нм – по формулам (2), (6)-(8).

Присоединение фенильного кольца в качестве терминальной группы к дендримеру I (дендример I-R_5(I)) увеличивает ненасыщенную π-электронную систему, что приводит к значительному уменьшению величины первой гиперполяризуемости (статической и динамических) примерно в 2 раза при одновременном увеличении длины волны синглет-синглетных электронных переходов, по сравнению с дендримером I-R_1(I). Отметим, что изучение влияния вращения фенильного кольца относительно связи С-С на стабильность дендримера I-R_5(I) и его электронные и нелинейные оптические свойства не проводилось.

Таблица 3.8

Рассчитанные значения энергии синглет-синглетных электронных переходов E (эВ), силы осциллятора f (отн.ед.) и $\lambda_{макс}$ (нм) и значения первой гиперполяризуемости β_{vec} (статический и динамический пределы) (10^{-30} ед. СГСЭ) для моделируемых дендримеров I с терминальными группами R_5-R_8

Структура	s0-s1 переходы			Первая гиперполяризуемость β_{vec}		
	$\lambda_{макс}$	E	f	β_0	β (λ=1064 нм)	β (λ=1340 нм)
I-R_5(I)	236,55	5,24	0,50	5,81	10,63	8,33
	235,71	5,26	1,75			
	230,74	5,37	1,13			
I-R_6(I)	252,65	4,91	0,60	10,67	17,76	14,40
	252,07	4,92	2,38			
	236,43	5,24	1,10			
I-R_7(I)	246,58	5,03	1,37	13,26	23,78	18,70
	243,95	5,08	1,48			
	235,55	5,26	1,18			
I-R_8(I)	245,13	5,06	1,48	39,19	69,56	55,00
	235,07	5,27	1,83			
	234,72	5,28	1,75			

Присоединение электронодонорных групп NH_2 (дендример I-R_6(I)), $N(CH_3)_2$ (I-R_7(I)) и $N(C_6H_5)_2$ (I-R_8(I)) к более протяженной ненасыщенной π-электронной системе дендримера I-R$_5$(I), по сравнению с дендримерами I-R$_2$(I), I-R$_3$(I) и I-R$_4$(I), приводит к увеличению значений первых гиперполяризуемостей и длин волн синглет-синглетных электронных переходов. Причем для дендримера I-R$_8$(I) увеличение значений первых гиперполяризуемостей, по сравнению с дендримером I-R$_1$(I), превосходит данное увеличение в 7,58-17,66 раза, наблюдаемое для дендримера I-R$_4$(I).

Изучение перераспределения электронной плотности при возбуждении для дендримеров I-R$_5$(I)-I-R$_8$(I) показало, что рассчитанные синглет-синглетные переходы, аналогично дендримерам I-R$_1$(I)-I-R$_4$(I), являются переходами с переносом π-электронной плотности с ненасыщенных фрагментов на вакантную p-орбиталь атомов бора.

В табл. 3.9 представлены рассчитанные значения энергии синглет-синглетных электронных переходов E (эВ), силы осциллятора f (отн.ед.) и $\lambda_{макс}$ (нм) методом CIS/6-31G и значения первой гиперполяризуемости (статический и динамический пределы) методом TDCPHF/6-31G для цис- и транс-изомеров моделируемых дендримеров I-R$_9$(I) и I-R$_{10}$(I). Статические гиперполяризуемости β_0 были рассчитаны по формулам (2)-(5), динамические β при длинах волн излучения 1064 и 1340 нм – по формулам (2), (6)-(8). Отметим, что изучение влияния вращения фенильных и пиридиновых колец относительно связи С-С на стабильность изомеров и их электронные и нелинейные оптические свойства не проводилось.

Таблица 3.9

Рассчитанные значения энергии синглет-синглетных электронных переходов E (эВ), силы осциллятора f (отн.ед.) и $\lambda_{макс}$ (нм) и значения первой гиперполяризуемости β_{vec} (статический и динамический пределы) (10^{-30} ед. СГСЭ) для моделируемых дендримеров I с терминальными группами R$_9$ и R$_{10}$.

Структура	s0-s1 переходы			Первая гиперполяризуемость β_{vec}		
	$\lambda_{макс}$	E	f	β_0	β (λ=1064 нм)	β (λ=1340 нм)
I-R$_9$ (цис)	234,35	5,29	1,54	5,65	10,9	8,37
I-R$_9$ (транс)	240,35	5,16	2,58	20,03	37,00	28,66
I-R$_{10}$ (цис)	241,31	5,14	1,46	5,62	12,8	9,14
I-R$_{10}$ (транс)	241,69	5,13	3,08	10,56	18,31	14,59

Как видно из табл. 3.9, для цис-изомера дендримера I-R$_9$ длина волны электронного перехода ниже, чем для транс-изомера. Для дендримера I-R$_{10}$

изомерия терминальной группы практически не оказывает влияние на величину $\lambda_{макс}$ синглет-синглетного электронного перехода.

Для цис- и транс-изомеров дендримеров I-R$_9$ и I-R$_{10}$ в рассматриваемые электронные переходы вносят преимущественный вклад электронные переходы с ВЗМО на НВМО, НВМО+1 и НВМО+2. Строение данных молекулярных орбиталей для цис- и транс-изомеров представлено на рис. 3.16-3.19.

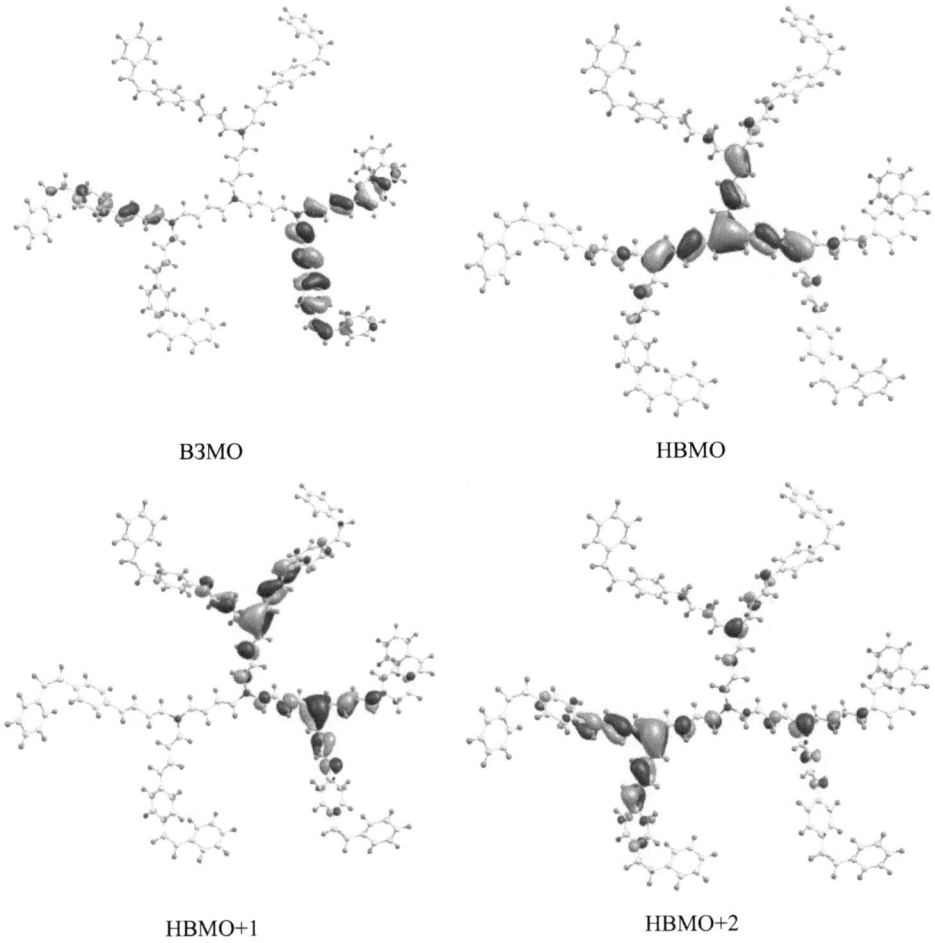

ВЗМО

НВМО

НВМО+1

НВМО+2

Рис. 3.16. Строение ВЗМО, НВМО, НВМО+1, НВМО+2 для цис-изомера дендримера I-R$_9$

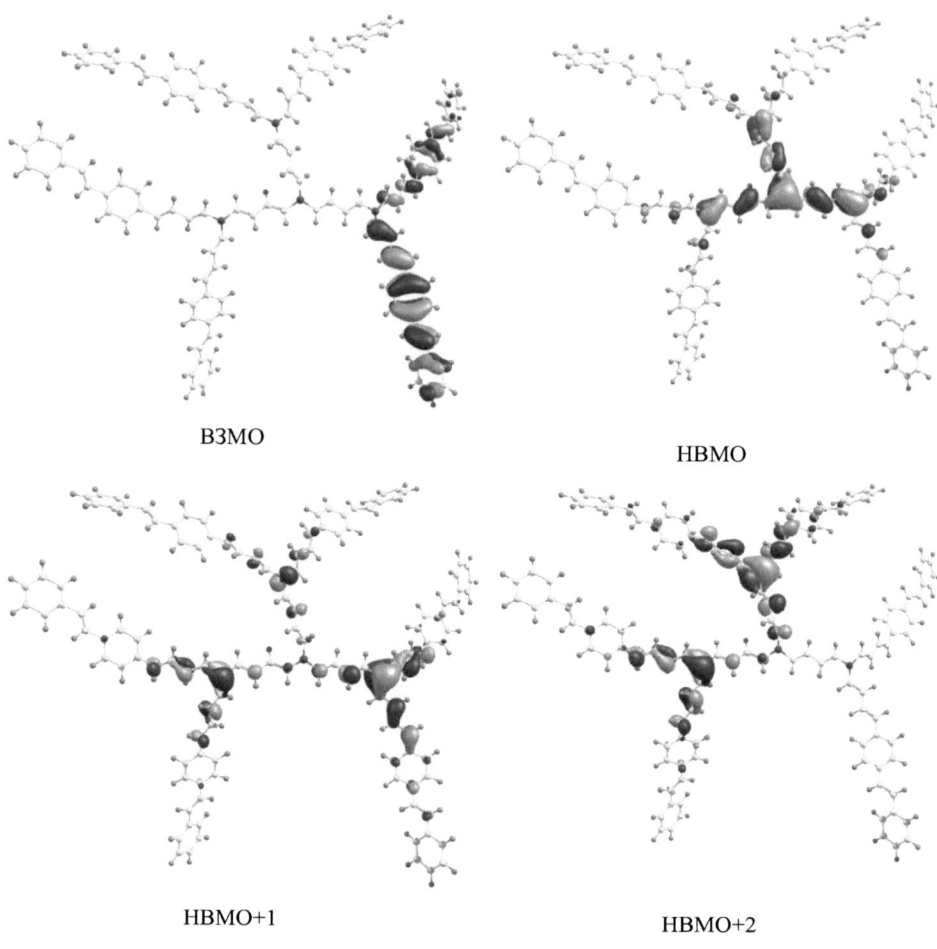

ВЗМО

НВМО

НВМО+1

НВМО+2

Рис. 3.17. Строение ВЗМО, НВМО, НВМО+1, НВМО+2 для транс-изомера дендримера I-R$_9$

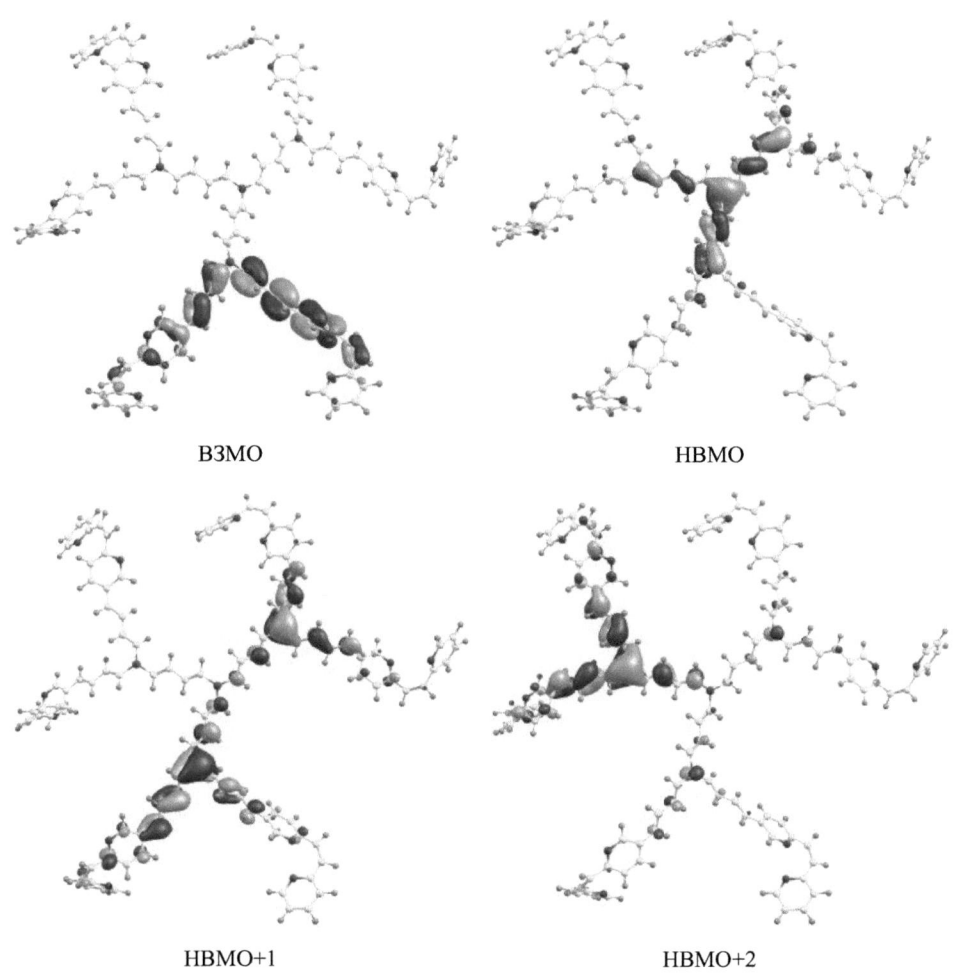

ВЗМО

НВМО

НВМО+1

НВМО+2

Рис. 3.18. Строение ВЗМО, НВМО, НВМО+1, НВМО+2 для цис-изомера дендримера I-R$_{10}$

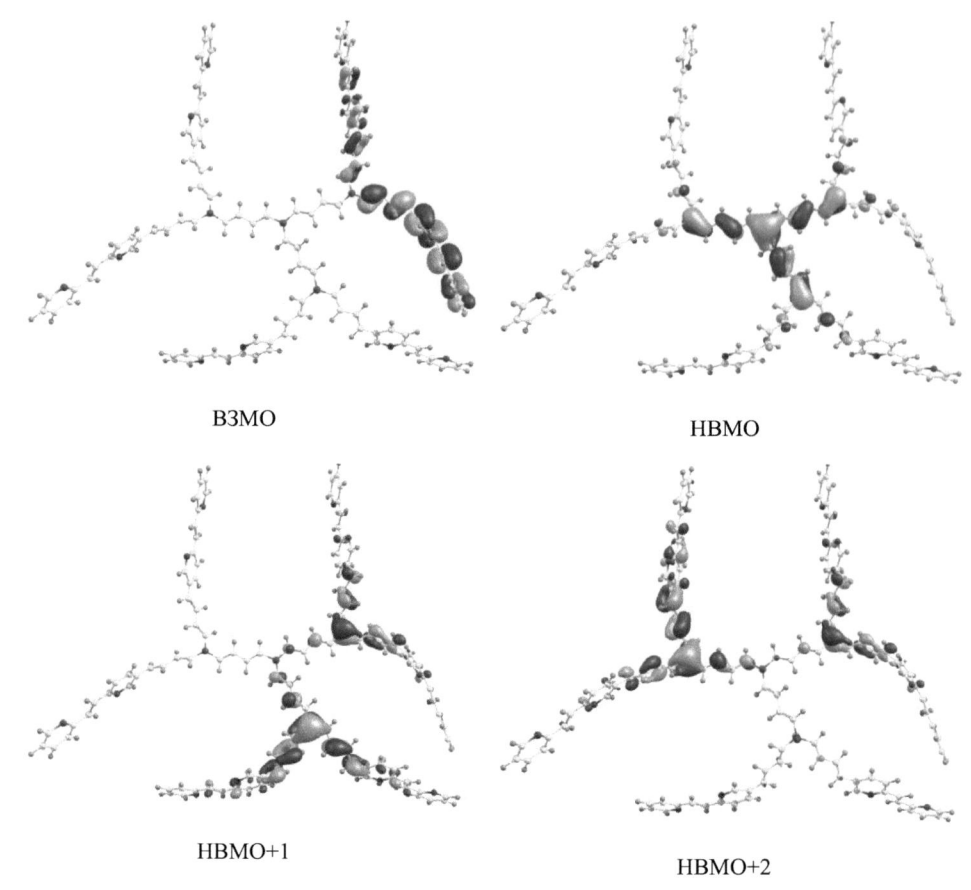

ВЗМО   НВМО

НВМО+1   НВМО+2

Рис. 3.19. Строение ВЗМО, НВМО, НВМО+1, НВМО+2 для транс-изомера дендримера
I-R$_{10}$

Изучение перераспределения электронной плотности на данных орбиталях показало, что рассматриваемые электронные переходы являются переходами с переносом π-электронной плотности с ненасыщенных фрагментов на вакантную p-орбиталь атомов бора.

Из табл. 3.9 также видно, что для цис-изомеров дендримеров I-R$_9$ и I-R$_{10}$ величины статической и динамических первых гиперполяризуемостей существенной ниже, чем для транс-изомеров. По-видимому, такая закономерность связана с нарушением π-сопряженной системы при цис-изомерии.

3.4 Моделирование геометрического строения и оптических свойств борорганических дендримеров с четырехкоординированным атомом бора в ядре

На рис. 3.20 представлены структуры моделируемых дендримеров II с четырехкоординированным атомом бора в ядре.

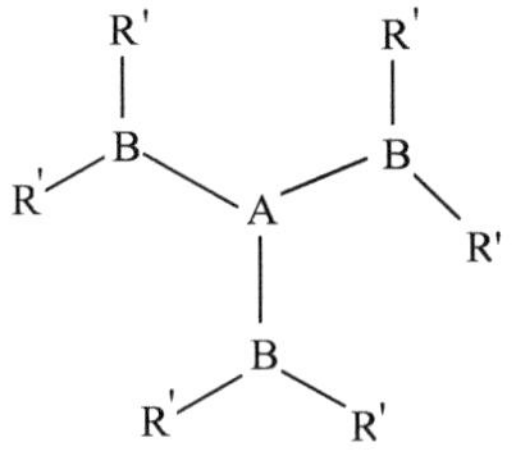

II

A: $NH_3 \bullet B(CH=CH-CH=CH)_3$

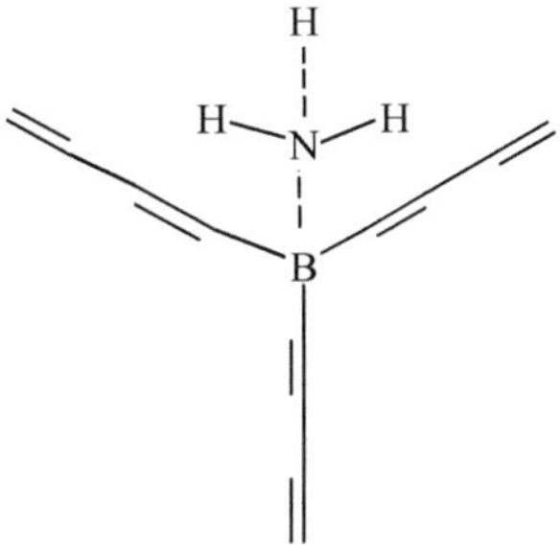

B: $B(CH=CH-CH=CH)_2$

R'_1: H; R'_2: CN; R'_3=NO$_2$;

R'_4: 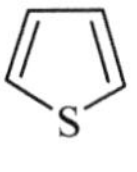 .

Рис. 3.20. Структуры моделируемых дендримеров II с различными терминальными группами R'

45

Структура II содержит четырехкоординированный атом бора, содержащийся только в ядре дендримера A, при этом в качестве терминальных групп используются акцепторные заместители R'₁-R'₄, связанные с ядром через звенья B с трехкоординированными и поэтому электронодефицитными атомами бора.

Для системы II-R'₁ на ППЭ были найдены стационарные точки, соответствующие двум устойчивым конформациям, различие в структуре которых также обусловлено вращением углеводородных цепочек вокруг связи B-C. В наиболее устойчивой конформации (см. рис. 3.21), которая стабильнее другой на 0,49 эВ, плоскость, в которой расположены углеводородные фрагменты ядра, перпендикулярна плоскости, которую образуют три атома углерода, связанных с четырехкоординированным атомом бора. За счет донорно-акцепторного взаимодействия с атомом азота, атом бора немного «вытянут» из данной плоскости. Длина связи B-N в молекуле II-R'₁ составляет 1,677 Å, что превышает данное значение в аммиак-боране [22] на 0,117 Å.

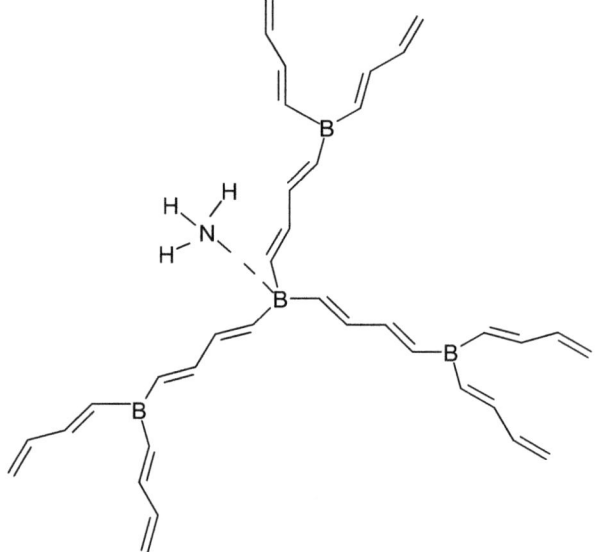

Рис. 3.21. Устойчивая конформация дендримера II-R'₁

Основываясь на проведенных исследованиях существования возможных конформаций и их относительной стабильности для систем II на примере R'₁=H, обусловленных вращением углеводородных цепочек относительно связи

В-С, расчеты, связанные с оптимизацией геометрии, электронных переходов и значений первой гиперполяризуемости, проводились для системы II с другими терминальными группами только для ее устойчивой конформации.

Оптимизацию геометрию систем II осуществляли без ограничения симметрии, т.к. точечной группой симметрии данных систем является группа C_1.

В табл. 3.10 представлены рассчитанные значения энергии синглет-синглетных электронных переходов E (эВ), силы осциллятора f (отн.ед.) и $\lambda_{\text{макс}}$ (нм) методом CIS/6-31G и значения первой гиперполяризуемости (статический и динамический пределы) методом TDCPHF/6-31G для моделируемых дендримеров II с терминальными группами R'_1-R'_4. Статические гиперполяризуемости β_0 были рассчитаны по формулам (2)-(5), динамические β при длинах волн излучения 1064 и 1340 нм – по формулам (2), (6)-(8).

Отметим, что изучение влияния вращения тиофенового кольца относительно связи С-С на стабильность дендримера II-R'_4 и его электронные и нелинейные оптические свойства не проводилось.

Таблица 3.10

Рассчитанные значения энергии синглет-синглетных электронных переходов E (эВ), силы осциллятора f (отн.ед.) и $\lambda_{\text{макс}}$ (нм) и значения первой гиперполяризуемости β_{vec} (статический и динамический пределы) (10^{-30} ед. СГСЭ) для моделируемых дендримеров II с терминальными группами R'_1-R'_4

Структура	s0-s1 переходы			Первая гиперполяризуемость β_{vec}		
	$\lambda_{\text{макс}}$	E	f	β_0	β (λ=1064 нм)	β (λ=1340 нм)
II-R'_1	227,14 225,33	5,46 5,50	2,59 2,60	14,63	21,26	18,32
II-R'_2	211,52	5,86	2,30	15,06	21,36	18,60
II-R'_3	217,20	5,71	2,26	29,31	42,40	36,67
II-R'_4	230,44	5,38	1,99	15,77	24,08	20,36
II-R'=NH_2	230,06 228,35 226,63	5,39 5,43 5,47	1,41 0,85 1,28	13,14	20,55	17,20

Для системы II-R'_1 преимущественный вклад в два электронных перехода с $\lambda_{\text{макс}}$=227,14 и 225,33 нм имеют электронные переходы с ВЗМО-1 и ВЗМО на НВМО, НВМО+1 и НВМО+2. На рис. 3.22 представлено строение данных молекулярных орбиталей.

Данные электронные переходы также являются переходами с переносом заряда. В результате данных переходов происходит перенос электронной плотности с π-ненасыщенных фрагментов системы и электроноизбыточного четырехкоординированного атома бора на вакантные p-орбитали трехкоординированных атомов бора.

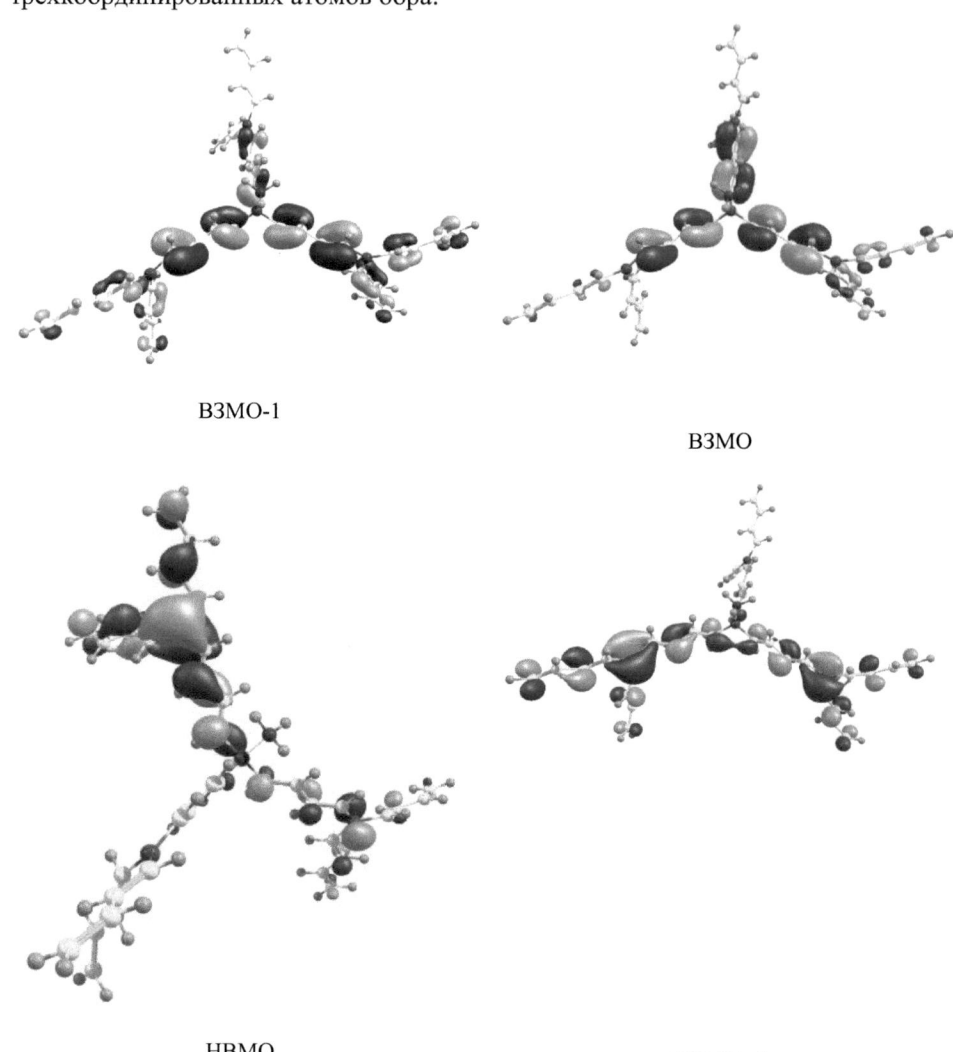

ВЗМО-1

ВЗМО

НВМО

НВМО+1

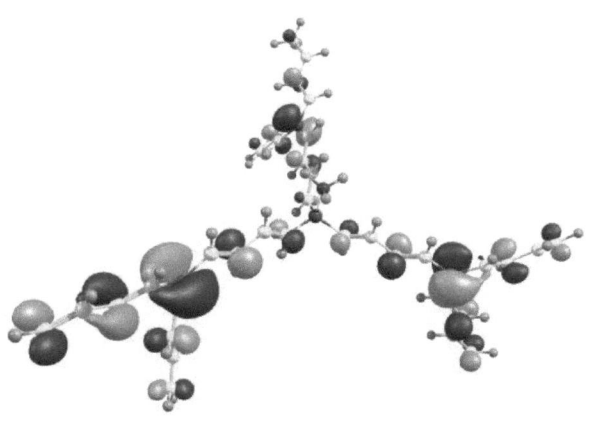

HBMO+2

Рис. 3.22. Строение ВЗМО-1, ВЗМО, НВМО, НВМО+1, НВМО+2 для дендримера I-R'$_1$

Аналогичная ситуация наблюдается и для дендримеров II-R'$_2$-II-R'$_4$: в представленные в табл. 3.10 электронные переходы для данных дендримеров вносят вклады электронные переходы с нескольких занятых молекулярных орбиталей на несколько вакантных молекулярных орбиталей. Характер данных электронных переходов совпадает с характером электронных переходов для II-R'$_1$, т.е. данные переходы являются электронными переходами с переносом заряда.

Из табл. 3.10 видно, что значения статической и динамических первых гиперполяризуемостей для дендримеров I-R'$_1$ и I-R'$_2$ сопоставимы с таковыми параметрами для дендримера I-R$_1$(I), а для дендримеров II-R'$_3$ и II-R'$_4$ превосходят их, причем длина волны электронных переходов для дендримеров типа II с четырехкоординированным атомом бора в ядре ниже, чем для дендримеров типа I с трехкоординированным атомом бора в ядре.

Присоединение электронодонорной группы NH$_2$ (табл. 3.10) к дендримеру II типа приводит к незначительному уменьшению величин гиперполяризуемостей, например, по сравнению с II-R'$_1$ и II-R'$_2$, но существенно увеличивает величину $\lambda_{макс}$. Как видно из табл. 3.10, величина $\lambda_{макс}$ для дендримера II с R'=NH$_2$ сопоставима с $\lambda_{макс}$ для дендримера II-R'$_4$ с ароматическим тиофеновым кольцом в качестве терминальной группы.

IV.Заключение и выводы

В результате проведенного исследования можно сделать следующие выводы.

Во-первых, проведение оптимизации геометрических параметров малых соединений бора, на примере триметилборана, триметоксиборана, тривинилборана, триаллилборана и трифенилборана, методом HF/6-31G показало, что в целом рассчитанные геометрические параметры длин связей В-С, В-О, О-С, С-С, С=С (в триаллилборане) находятся в удовлетворительном соответствии с экспериментальными данными. Отличие рассчитанных длин связей с экспериментальными не превышает 0,014 Å. Однако использованная схема расчета не позволяет учесть делокализацию π-электронов двойной связи С=С в тривинилборане на вакантную р-орбиталь атома бора, которая приводит к увеличению длины связи С=С по сравнению с данным параметром, например, в этилене или пропене. Значение рассчитанной длины связи С=С в молекуле тривинилборана конформации I и II занижено по сравнению с экспериментальным значением на 0,037 Å. Во всех исследуемых системах сохраняется планарность структурной группировки BR_3 (R=C, O), что подтверждается значением углов связи α(CBC) и α(OBO).

Во-вторых, в структуре дендримеров при моделировании была реализована комбинация D-π-A, необходимая для проявления ими нелинейных оптических свойств. Для этого необходимо наличие донорных и акцепторных групп, связанных между собой π-сопряженной системой. Именно в таких системах возможны переходы с переносом заряда, характеризующиеся значительным перераспределением электронной плотности при возбуждении, высокой интенсивностью и сравнительной низкой энергией перехода. При моделировании нелинейных оптических борорганических дендримеров было использовано такое свойство атома бора, как наличие вакантной р-орбитали, на которую может происходить делокализация электронной плотности с π-ненасыщенных фрагментов, связанных с атомом бора. Таким образом, трехкоординированный атом бора в дендримерах может выступать в качестве электронодефицитной (электроноакцепторной) части системы (дендримеры I типа), четырехкоординированный атом бора – в качестве электроноизбыточной (электронодонорной) части (дендримеры II типа).

В-третьих, моделируемые борорганические дендримеры типа I и II имеют на ППЭ стационарные точки, свидетельствующие о стабильности данных систем относительно системы изолированных атомов. Исследования гессиана для таких протяженных систем не проводились, так как отсутствие минимумов на ППЭ для таких систем не может свидетельствовать об их неустойчивости. Для практически синтезированных дендримеров I и II типов превалирующими факторами стабилизации будут являться, по-видимому, условия их получения и наличие растворителя.

В-четвертых, для изучения электронных и нелинейных оптических свойств моделируемых дендримеров были проведены расчеты энергии, длины волны и силы осциллятора синглет-синглетных (s0-s1) электронных переходов и значений первой гиперполяризуемости (статический и динамический пределы). Для расчета вертикального спектра поглощения был использован метод CIS/6-31G, для расчета первых гиперполяризуемостей – метод TDCPHF/6-31G. В целях уменьшения вычислительных затрат в базис не были включены поляризационные и диффузионные функции.

В-пятых, в связи с тем, что неизвестны сведения о синтезе моделируемых дендримеров, и невозможно провести сравнение полученных в результате расчетов результатов с экспериментальными данными, был также осуществлен расчет электронных и нелинейных оптических характеристик некоторых борорганических соединений с известными необходимыми экспериментальными данными. Сравнение рассчитанных значений $\lambda_{макс}$ в вакууме с экспериментальными данными для триантрацилборана и его производных в тетрагидрофуране показало, что рассчитанные значения занижены по сравнению с экспериментом в среднем на 193,00-239,70 нм. Данное обстоятельство связано в первую очередь с влиянием растворителя на область поглощения систем, так как, согласно проведенным расчетам, окружение молекулы триантрацилборана несколькими молекулами растворителя приводит к увеличению длины волны соединения и приближения ее к экспериментальному значению.

Сравнение полученных в результате расчетов величин первых гиперполяризуемостей с экспериментальными данными проводилось для молекул субфталоцианинов. Полученные результаты, как при расчете систем в газовой фазе, так и с учетом растворителя в модели поляризуемого континуума

(РСМ), оказались существенно заниженными, по сравнению с экспериментальными данными. Стоит отметить, что квантово-химические расчеты первых гиперполяризуемостей используются в первую очередь для осуществления сравнительного анализа в ряду соединений и подтверждения качественных закономерностей, определенных экспериментальным путем, так как значения экспериментальных гиперполяризуемостей очень сильно зависят от способа представления экспериментальных данных и использования различных значений стандартов [101, 102]. В связи с этим полученные квантово-химическим методом значения первых гиперполяризуемостей для дендримеров I и II типов были использованы для проведения качественного сравнения влияния терминальных групп и структуры ядра дендримера на нелинейные оптические свойства моделируемых дендримеров.

В-шестых, рассчитанная в вакууме длина волны $\lambda_{макс}$ синглет-синглетных электронных переходов для моделируемых дендримеров находится в интервале 211,55-254,57 нм, что значительно ниже данного параметра, чем, например, для некоторых борсодержащих изомеров $[B_{12}H_{11}-C_2B_{10}H_{11}]^{2-}$ и паранитроанилина по данным [107], рассчитанного методом CIS/6-31G** и представленного в табл. 4.1, но выше, чем для молекулы тривинилборана (табл. 3.2).

Таблица 4.1

Рассчитанные значения первой гиперполяризуемости β (статический предел, метод HF/6-31G**) и длины волны электронного перехода λ_{max} (CIS/6-31G**) изомеров $[B_{12}H_{11}-C_2B_{10}H_{11}]^{2-}$ и паранитроанилина

Соединение	$\beta \cdot 10^{30}$, ед. СГСЭ	λ_{max}, нм
$[B_{12}H_{11}\text{-}o\text{-}C_2B_{10}H_{11}]^{2-}$	10,2	271
$[B_{12}H_{11}\text{-}m\text{-}C_2B_{10}H_{11}]^{2-}$	10,8	265
$[B_{12}H_{11}\text{-}p\text{-}C_2B_{10}H_{11}]^{2-}$	10,8	260
Пара-нитроанилин	18,6	374
Пара-нитроанилин (эксперимент)	40±3*	320

*ω=0,39 эВ, растворитель – 1,4-диоксан, EFISH измерения, см. подробнее [108]

Все рассчитанные электронные переходы являются переходами с переносом заряда, в результате которых происходит перераспределение π-электронной плотности от ненасыщенных фрагментов дендримера или электроноизбыточного атома бора (в случае дендримеров II типа) на вакантную p-орбиталь трехкоординированного атома бора. Данные переходы являются полностью разрешенными переходами как по спину электрона, так и по симметрии волновых состояний, участвующих в электронных переходах. Значения силы осцилляторов составляют не менее 0,5 отн. ед., что свидетельствует о большой интегральной интенсивности полосы поглощения.

Величины первых гиперполяризуемостей моделируемых дендримеров I и II типов существенно выше, чем для молекулы тривинилборана, но также, как и для молекулы тривинилборана значения β_{vec} для моделируемых дендримеров увеличиваются от β_0 к β ((λ=1064 нм), но затем при переходе к β ((λ=1340 нм) наблюдается их уменьшение. Величины первых гиперполяризуемостей моделируемых дендримеров сопоставимы с данными значениями для представленных в табл. 4.1 соединений, а также для азотсодержащих полиенов с донорными и акцепторными заместителями (см. табл. 4.2 и рис. 4.1), рассчитанными таким же квантово-химическим методом в [109, 110].

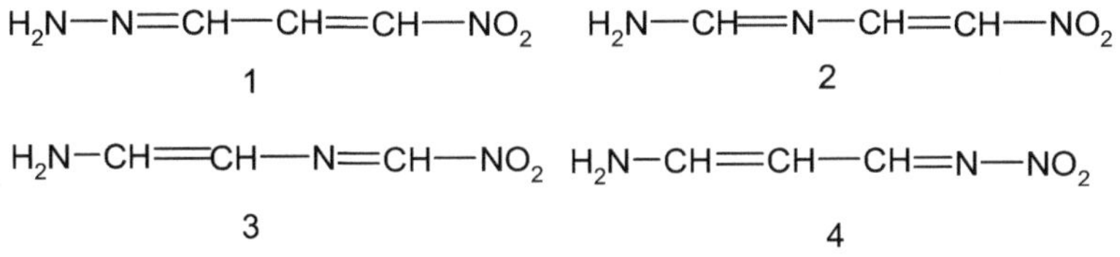

$$H_2N-N{=}CH-CH{=}CH-NO_2 \qquad H_2N-CH{=}N-CH{=}CH-NO_2$$
$$\qquad\qquad 1 \qquad\qquad\qquad\qquad\qquad\qquad 2$$

$$H_2N-CH{=}CH-N{=}CH-NO_2 \qquad H_2N-CH{=}CH-CH{=}N-NO_2$$
$$\qquad\qquad 3 \qquad\qquad\qquad\qquad\qquad\qquad 4$$

Рис. 4.1. Азотсодержащие полиены с донорными и акцепторными заместителями

Таблица 4.2

Значения статических гиперполяризуемостей (10^{-30} ед. СГСЭ) для азотсодержащих полиенов 1-4, полученные методом TDCPHF/6-31G

Соединение	1	2	3	4
β	14,61	11,82	19,05	12.78

В-седьмых, для осуществления оптимального изучения моделируемого дендримера с точки зрения проявления им нелинейных оптических свойств необходимо выполнение следующих требований: высокие значения квадратичных нелинейных оптических восприимчивостей, оптическая прозрачность в необходимом диапазоне длин волн (области электронных переходов) и термическая стабильность. Таким образом, при сравнении нелинейно-оптических свойств моделируемых дендримеров необходимо учитывать большие значения первых гиперполяризуемостей при меньших длинах волн электронных переходов. Как видно из проведенных исследований (табл. 3.7-3.9), для дендримеров типа I присоединение терминальных электронодонорных групп и усиление их электронодонорных свойств приводит к увеличению значений первых гиперполяризуемостей при одновременном увеличении длины волны электронного перехода. Присоединение электроноакцепторного заместителя NO_2 к структуре дендримера I приводит к незначительному уменьшению величины первых гиперполяризуемостей, при этом длина волны $\lambda_{макс}$ синглет-синглетных электронных переходов увеличивается значительнее, чем в случае электронодонорных заместителей.

Для дендримеров II типа, по сравнению с I типом, характерно меньшие значения длины волны электронных переходов, но либо соизмеримые, либо большие величины первых гиперполяризуемостей. Присоединение электроноакцепторных терминальных групп приводит к увеличению значений первых гиперполяризуемостей дендримеров II типа, присоединение электронодонорной группы NH_2 приводит к уменьшению данного параметра. Присоединение электронодонорной группы NH_2 к дендримеру II типа приводит к более существенному увеличению $\lambda_{макс}$, по сравнению с электроноакцепторными неароматическими терминальными группами.

В-восьмых, возможно прогнозирование проявления моделируемыми дендримерами, в частности дендримерами I типа, жидкокристаллических, фотохромных свойств, свойств органических проводников и полупроводников. Как известно [111], молекулы соединений, проявляющих мезоморфизм, содержат два и более бензольных кольца, соединенных в параположение непосредственно или через полярные группы, с полярными или алкильными заместителями на конце молекулы (например, терминальные группы R_9 и R_{10} для дендримеров I типа). Фотохимическими свойствами могут обладать дендримеры I-R_9 и I-R_{10}, имеющие цис- и транс-изомеры. Согласно проведенным расчетам, моделируемые дендримеры в газовой фазе имеют энергию электронных переходов не выше 5,86 эВ. Можно ожидать, что в конденсированном состоянии и в растворителе энергия перехода для данных систем будет меньше, длина волна, соответственно, выше, что будет благоприятствовать проявлению данными системами свойств органических полупроводников.

Список используемой литературы

1.Веденеев В. И. Энергии разрыва химических связей. Потенциалы ионизации и сродство к электрону / В. И. Веденеев, Л. В. Гурвич, В. И. Кондратьев, В. А. Медведев, Е. Л. Франкевич. М., Изд–во АН СССР, 1962. 215 с.

2.Bawn C. E. H. Recent Developments in High Polymers // Proc. Roy. Soc., v. 282A, 1964. P. 91–102.

3.Самсонов Г. В. Бориды / Г. В. Самсонов, Т. И. Серебрякова, В. А. Неронов. М.: Атомиздат, 1975. 375 с.

4.Кузьма Ю. Б. Кристаллохимия боридов / Ю. Б. Кузьма. Львов: Вища школа. 1983. 210 с.

5.Бориды и материалы на их основе / Под ред. Т. Я. Косолапова. Ин–т проблем материаловедения АН УССР, Киев, 1986. 17 с.

6.Серебрякова Т. И. Высокотемпературные бориды / Т. И. Серебрякова, В. А. Неронов, П. Д. Пешев. М.: Металлургия, 1991. 368 с.

7.Ивановский А. Л. Квантовая химия в матриаловедении. Бор, его сплавы и соединения / А. Л. Ивановский, Г. П. Швейкин. Екатеринбург: Изд–во «Екатеринбург», 1997. 400 с.

8.Несмеянов А. Н. Начала органической химии / А. Н. Несмеянов, Н. А. Несмеянов. В двух книгах. Книга II. Изд. 2–е, пер. М., Химия, 1974, 744 с.

9.Общая органическая химия / Под ред. Д. Бартона, У. Д. Оллиса. Т. 6. Соединения селена, теллура, кремния и бора / Под ред. Д. Н. Джонса – Пер. с англ./ Под ред. Н. К. Кочеткова, Ю. Н. Бубнова. М.: Химия, 1984. 544 с.

10.Михайлов Б. М. Борорганические соединения в органическом синтезе / Б. М. Михайлов, Ю. Н. Бубнов. М., Наука, 1977. 516 с.

11.Михайлов Б. М. Методы получения и свойства аллилборанов / Успехи химии. №6, 1976. С. 1102–1135.

12. The Chemistry of Boron and its Compounds. (Ed. E. L. Muettertes). Wiley, New York, 1967.

13. Zweifel G. Spectral properties of alkenylboranes evidence for conjugative interactions of boron with carbon—carbon π–systems / G. Zweifel, G. M. Clark, T. Leung, C. C. Whitney. // J. Organomet. Chem., v. 117, № 4, 1976. P. 303–312.

14.Pelter A., Smith K. Triorganylboranes (in Comprehensive Organometallic Chemistry), Vol 3, 1979. P. 792–795.;

15.Good C. D. Alkenylboranes. II. Improved Preparative Methods and New Observations on Methylvinylboranes / C. D. Good., D. M. Ritter // J. Am. Chem. Soc., v. 84, № 7, 1962. P. 1162–1166.

16. Yamamoto Y. 13C NMR Spectra of Alkenylboranes. Evidence for the Presence of π–Character in the B–C Bond / Y. Yamamoto, I. Moritani. // Chem. Lett., 1975. P. 57–58.

17.Yamamoto Y. Carbon–13 Nuclear Magnetic Resonance Studies of Organoboranes; the Relative Importance of Mesomeric B–C – Bonding Forms in Alkenyl and Alkynylboranes / Y. Yamamoto, I. Moritani // J. Org. Chem., v. 40, 1975. P. 3434–3437.

18. Yamamoto Y. 13C NMR Spectra and Bonding Situation of the B–C Bond in Alkynylboranes / Y. Yamamoto, I. Moritani // Chem. Lett., 1975. P. 439–440.

19. Brown H. C. Boranes in Organic Chemistry. Cornell University Press, Ithaca, 1972.

20.Onak T. Organoborane Chemistry. Academic, New York, 1975.

21. Dahl G. H. Studies of Boron–Nitrogen Compounds. III. Preparation and Properties of Hexahydroborazole, $B_3N_3H_{12}$ / G. H. Dahl, R. Schaeffer // J. Am. Chem. Soc., v. 83, № 14, 1961. P. 3032–3034.

22.Clark A. H. The molecular structure of trisdimethylaminoborine / A. H. Clark, G. A. Anderson // J. Chem. Soc. D.: Chem. Com., №19, 1969. P. 1082–1083.

23. Steinberg H. Organoboron Chemistry / H. Steinberg, R. J. Brotherton. Wiley–Interscience, New York, 1964, V. 2.

24. Niedenzu K. Bor–Stickstoff–Verbindungen. XXXIX. Untersuchungen über die Bildung von Borazolen: Zur Kenntnis der Reaktionsprodukte der Umsetzung von Bortrichlorid mit Methylamin / K. Niedenzu, K. E. Blick, I. A. Boenig // Z. Anorg. Allg. Chem., v. 387, № 1, 1972. P. 107–119.

25.Dawson J. W. Boron-nitrogen compounds: XXII. The infrared spectrum of bis(dimethylamino)methylborane / J. W. Dawson, P. Fritz, K. Niedenzu // J. Organometallic Chem., v. 5, № 1, 1966. P. 13–19.

26. Burch J. E. The infrared spectra of bis(alkylamino) phenylborons and dialkyl phenylboronates / J. E. Burch, W. Gerrard, M. Goldstein, E. F. Mooney, H. A. Willis // Spectrochim. Acta, v. 18, № 11, 1962. P. 1403–1419.

27. Граймс Р. Карбораны. / Пер. с англ. Захарова В.В., под ред. Жигача А.Ф. М.: Мир, 1974. 264 с.

28. Коршак В. В. Поликарбораны / В. В. Коршак, И. Г. Саришвили, А. Ф. Жигач, М. В. Соболевский // Успехи химии, №12, 1967. С. 2068–2089.

29. Ивановский А. Л. Бор и его соединения с неметаллами: химическая связь и электронные свойства // Успехи химии, №6, 1997. С. 511–536.

30. Fainer N. Low−k dielectrics on base of silicon carbon nitride films / N. Fainer, Yu. Rumyantsev, M. Kosinova, E. Maximovski, V. Kesler, V. Kirienko // Surface and Coating Technology, v. 201, 2007. P. 9269–9274.

31. Nagarajan R. Bulk Superconductivity at an Elevated Temperature (Tc~12K) in a Nickel Containing Alloy System Y–Ni–B–C, R / R. Nagarajan, C. Mazumdar, Z. Nossian, S.K. Dhar, K.V. Gopalakrishnan, L. C. Gupta, C. Godart, B. D. Padalia, R.Vijayaraghavan // Phys. Rev. Lett., v. 72, 1994. P. 274–277.

32. Lappert M. F. Organic Compounds Of Boron // Chem. Rev., v. 56, № 5, 1956. P. 959–1064.

33. Grete Gundersen. Molecular structure of gaseous methyl borate, B(OCH3)3 // J. Mol. Struct., v. 33, № 1, 1976. P. 79–89.

34. Ниденцу К. Химия боразотных соединений / К. Ниденцу, Дж. Доусон. М.: Мир, 1968. 240 с.

35. Покропивный В. В. Новые наноформы углерода и нитрида бора. / В. В. Покропивный, А. А. Ивановский // Успехи химии, № 10, 2008. С. 899–937.

36. Чепуров А. И. Обработка синтетических малоазотных борсодержащих алмазов при ысоких давлениях и температурах / А. И. Чепуров, А. П. Елисеев, Е. И. Жимулев, В. М. Сонин, И. И. Федоров, А. А. Чепуров // Неорган. материалы, т. 44, №4, 2008. С. 443–447.

37. Miyamoto Y. Electronic Structures of Solid BC_{59} / Y. Miyamoto, N. Hamada, A. Oshiyama, S. Saito// Phys. Rev. B, v. 46, 1992. P. 1749–1753.

38. Okada S. Electronic and Geometric Structures of Multi–Walled BN Nanotubes. Tsukuba Symposium on Carbon Nanotube / S. Okada, S. Saito, A. Oshiyama.// Physica, v. 323, 2002. P. 224–226.

39. Sastre A. Subphthalocyanines: Novel Targets for Remarkable Second–Order Optical Nonlinearities / A. Sastre, T. Torres, M. A. Díaz-García, F. Agulló-López, C. Dhenaut, S. Brasselet, I. Ledoux, J. Zyss.// J. Am. Chem. Soc., v. 118, № 11, 1996. P. 2746–2747.

40.Толбин А. Ю. Субфталоцианины и их аналоги: методы синтеза и модифицирование структуры / А. Ю. Толбин, Л. Г. Томилова // Успехи химии, v. 80, № 6, 2011. С. 558–579.

41. Успехи в области синтеза элементоорганических полимеров / Под ред. В. В. Кошака. М.: Наука, 1988. 320 с.

42. Коршак В. В. Поликарбораны / В. В. Коршак, И. Г. Саришвили, А. Ф. Жигач, М. В. Соболевский // Успехи химии Т. 36, №12. 1967. С. 2068–2089.

43.Burg A. B. Bonding in boron compounds and in inorganic polymers // J. Chem. Educ., v. 37, № 9, 1960. P. 482.

44.Замятина В. А. Полимерные соединения бора / В. А. Замятина, Н. И. Бекасова //Успехи химии, т. 30, № 1, 1961. С. 48–59.

45. Jäkle F.. Advances in the Synthesis of Organoborane Polymers for Optical, Electronic, and Sensory Applications // Chem. Rev., v. 110, № 7, 2010. P. 3985–4022.

46.Contemporary Boron Chemistry. Edited by M. G. Davidson (University of Bath), A. K. Hughes, T. B. Marder, K. Wade (University of Durham). Royal Society of Chemistry: Cambridge. 2000. 538 p.

47. Nagai A. Synthesis and Photostability of Poly(p–phenylenevinylene–borane)s / A. Nagai, T. Murakami, Y. Nagata, K. Kokado, Y. Chujo // Macromolecules, v. 42 № 18, 2009. P. 7217–7220.

48. Qin Y. Silylated Initiators for the Efficient Preparation of Borane-End-Functionalized Polymers via ATRP / Q. Yang, F. Jäkle, [et. all.] // Macromolecules, v. 40, № 5, 2007. P. 1413–1420.

49. Qin Y. Luminescent Organoboron Quinolate Polymers / Y. Qin, C. Pagba, P. Piotrowiak, F. Jäkle. // J. Am. Chem. Soc. v. 126, 2004. P. 7015–7018.

50. Nagata Y. Main-Chain-Type Organoboron Quinolate Polymers: Synthesis and Photoluminescence Properties / Y. Nagata, Y. Chujo // Macromolecules, v. 40, № 1, 2007. P. 6–8.

51. Boas U. Dendrimers in drug research / U. Boas, P. M. H. Heegaard // Chem.Soc. Rev., v. 33, №1, 2004. P. 43–63.

52. Dykes G. M. Dendrimers: A review of their appeal and applications // J. Chem. Technol. Biotechnol., v. 76, №9, 2001. P. 903–918.

53. Astruc D. Dendrimers Designed for Functions: From Physical, Photophysical, and Supramolecular Properties to Applications in Sensing, Catalysis, Molecular

Electronics, Photonics, and Nanomedicine / D. Astruc, E. Boisselier, C. Ornelas. // Chem. Rev., v. 110, № 4, 2010. P. 1857–1959.

54. Семчиков Ю.Д. Гибридные дендримеры / Ю.Д. Семчиков, М.Н. Бочкарев // Высокомолек. соед. С., т. 44, № 12, 2002. С. 2293–2321.

55. Tomalia D. A. Discovery of dendrimers and dendritic polymers: A brief historical perspective / D. A. Tomalia, J. M. J. Fréchet. // J. Polym. Sci., Part A: Polym. Chem., v. 40, 2002. P. 2719–2727.

56. Grayson S. M. Convergent dendrons and dendrimers: From synthesis to applications / S. M. Grayson, J. M. J. Fréchet //Chem. Rev., v. 101, 2001. P. 3819–3867.

57. Astruc D. Dendritic Catalysts and Dendrimers in Catalysis / D. Astruc, F. Chardac // Chem. Rev., v. 101, № 9, 2001. P. 2991–3023.

58. Astruc D. Dendrimers Designed for Functions: From Physical, Photophysical, and Supramolecular Properties to Applications in Sensing, Catalysis, Molecular Electronics, Photonics, and Nanomedicine / D. Astruc, E. Boisselier, C. Ornelas // Chem. Rev., v. 110, № 4, 2010. P. 1857–1959.

59. Medina S. H. Dendrimers as Carriers for Delivery of Chemotherapeutic Agents / S. H. Medina, M. E. H. El-Sayed. // Chem. Rev., v. 109, № 7, 2009. P. 3141–3157.

60. Frey H. Dendritic polymers in biomedical application: from potential to clinical use in diagnostics and therapy / H. Frey, R. Haag // Angew. Chem., Int. Ed., 2002, v. 41, № 8, 2002. P. 1329–1334.

61. Esfand R.E. Poly(amidoamine) (PAMAM) dendrimers: from biomimicry to drug delivery and biomedical applications / R. E. Esfand, D. A. Tomalia // DDT, v. 6, 2001. P. 427–436.

62. Павлов Г. М. Молекулярные характеристики лактодендримеров на основе полиамидоамина / Г.М. Павлов, Е.В. Корнеева, Н.А. Михайлова, R. Roy, [et. all.]// Высокомолек. соед. А., т. 41. №11, 1999. С. 1810–1815.

63. Topp A. Effect of solvent quality on the molecular dimentions of PAMAM dendrimers / A. Topp, B .J. Bauer, D. A. Tomalia, E. J. Amis // Macromolecules, v. 32, № 21, 1999. P.7232-7237.

64. Панова Т. В. Взаимодействие полипропилениминовых дендримеров с полианионными гидрогелями / Т. В. Панова, Е. В. Быкова, В. Б. Рогачева, J. Joosten, J. Brackman, А. Б. Зезин, В. А. Кабанов // ВМС, серия А, т. 46, № 5, 2004. С. 783–798.

65. Hummelen J. C. Electrospray mass spectrometry of poly(propyleneimine) dendrimers the issue of dendritic purity or polydispersity / J. C. Hummelen, J. L.J. van Dongen, E.W. Meijer // Chem. Eur. J., v. 3, 1997. P. 1489–1493.

66. Newkome G. R. Building blocks for dendritic macromolecules / G. R. Newkome, C. N. Moorefield, G. R. Baker // Aldrichim. Acta., v. 25, 1992. P. 31–38.

67. Newkome G. R. Detection and functionalization of dendrimers possessing free carboxylic acidmoities / G. R. Newkome, C. D. Weis, C. N. Moorefield, I. Weis // Macromolecules, v. 30, 1997. P. 2300–2304.

68. Mourey T. H. Unique behavior of dendritic macromolecules: intrinsic viscosity of polyether dendrimers / T. H. Mourey, S. R. Turner, M. Rubinstein, J.M.J. Fréchet, C. J. Hawker, K. L. Wooley // Macromolecules, v. 25, № 9, 1992. P. 2401–2406.

69. Fréchet J. M. J. Dendrimers and hyperbranched polymers: Two families of three–dimensional macromolecules with similar but clearly distinct properties / J. M. J. Fréchet, C. J. Hawker, I. Gitsov, J. W. Leon // Pure. Appl. Chem., A33, 1996, P. 1399–1425.

70. Пономаренко С. А., Синтез карбосилановых жидкокристаллических дендримеров первой–пятой генераций, содержащих концевые цианобифенильные группы / С. А. Пономаренко, Е. А. Ребров, Н. И. Бойко, А. М. Музафаров, В. П. Шибаев //Высокомолек. соед., А, т. 40, № 8, 1998. С.1253–1265.

71. Музафаров А. М. Кремнийорганические дендримеры. Объемнорастущие карбосиланы / А. М. Музафаров, О. Б. Горбацевич, Е. А. Ребров, Г. М. Игнатьева, В. Д. Мякушев, Т. Б. Ченская, А. Ф. Булкин, В. С. Папков //Высокомолек. соед., А, т. 35, №11, 1993. С.1867–1872.

72. Ortega P. Novel Water–Soluble Carbosilane Dendrimers: Synthesis and Biocompatibility / P. Ortega, J. F. Bermejo, L. Chonco, [et. all.] // European Journal of Inorganic Chemistry, № 7, 2006. P. 1388–1396.

73. Galliot C. Polyaminophosphine Containing Dendrimers. Syntheses and Characterization / C. Galliot, D. Prevote, A.–M. Caminade, J.–P. Majoral / J. Am. Chem. Soc., v. 117, №20, 1995. P. 5470–5476.

74. Lartigue M. L. Large Dipole Moments of Phosphorus–Containing Dendrimers / M. L. Lartigue, B. Donnadieu, C. Galliot, A. M. Caminade, J. P. Majoral // Macromolecules., v.30. № 23, 1997. P. 7335–7337.

75. Caminade A.–M. Phosphorus dendrimers possessing metallic groups in their internal structure (core or branches): Syntheses and properties / A.–M. Caminade, J.–P. Majoral.// Coordination Chemistry Reviews, v. 249, № 17–18, 2005. P. 1917–1926.

76. Ануфриева Е. В. Особенности структурной организации и свойств лизиновых дендримеров разных генераций и супрамолекулярных структур с их участием / Е. В. Ануфриева, М. Г. Краковяк, Т. Д. Ананьева, Г. П. Власов, Н. В. Баянова, Т. Н. Некрасова, Р. Ю. Смыслов // Высокомолек. соед., т. 49, №6, 2007. С. 1013–1020.

77. Власов Г. П. Оптимизация трансфицирующих свойств комплексов ДНК с лизиновыми дендримерами / Г. П. Власов, В. И. Корольков, И. А. Гурьянов, Н. В. Баянова, А. Н. Баранов, А. В. Киселев, Е. А. Лесина, В. С. Баранов. // Биоорган. химия, № 2, 2005. С. 167–174.

78. Раджадуран М. С. Жесткоцепные ароматические денримеры / М. С. Раджадуран, З. Б. Шифрин, Н. В. Кучкина, А. Л. Русанов, К. Мюллен // Жесткоцепные ароматические дендримеры // Успехи химии, т. 76, № 8, 2007. С. 821–838.

79. Wiesler U.–M. Divergent synthesis of polyphenylene dendrimers: the role of core and branching reagents upon size and shape / U.–M. Wiesler, A. J. Berresheim, F. Morgenroth, G. Lieser, K. Mullen // Macromolecules, v. 34, 2001. P. 187–199.

80. Jamaguchi S. Tridurylboranes extended by three arylethynyl groups as a new family of boron–based π–electron systems / S. Jamaguchi, T. Shirazaka, K. Tamao // Org. Lett., v. 2, 2000. P. 4129–4132.

81. Jia W.–L. Blue luminescent three-coordinate organoboron compounds with a 2,2'-dipyridylamino functional group / W.–L. Jia, D. Song, S. Wang // J. Org. Chem., v. 68, 2003. P. 701–705.

82. Yamaguchi S. Boron is the key component for new π–electron materials / S.Yamaguchi, A. Wakamiya // Pure Appl. Chem., v. 78, № 7, 2006. P. 1413–1424.

83. Galie K. M. Polyester-Based Carborane-Containing Dendrons / K. M. Galie, A. Mollard, I. Zharov. // Inorganic Chemistry, v. 45, 2006. P. 7815-7820.

84. Juárez-Pérez E. J. Polyanionic Aryl Ether Metallodendrimers Based on Cobaltabisdicarbollide Derivatives. Photoluminescent Properties / E. J. Juárez-Pérez, C. Viñas, F. Teixidor, R. Santillan, N. Farfán, A. Abreu, R. Yépez, R. Núñez // Macromolecules, v. 43, № 1, 2010. P. 150–159.

85. Bartell L. S. Electron-Diffraction Study of the Structure of $B(CH_3)_3$ / L. S. Bartell, B. L. Carroll // J. Chem. Phys., 1965, v. 42, № 9, P. 3076–3078.

86. Gundersen G. Molecular structure of gaseous methyl borate, B(OCH3)3 // J. Mol. Struct., v. 33, № 1, 1976. P. 79–89.

87. Durig R. Conformational stability of trivinylborane from vibrational spectra and ab initio calculations / R. Durig, Y. H. Kim, T. S. Little. // Spectrochimica Acta Part A: Molecular Spectroscopy, v. 50, № 3, 1994. P. 609–619.

88. Odom J. D. Vibrational spectra and structure of trivinylborane / J. D. Odom, L. W. Hall, S. Riethmiller, J. R. Durig // Inorg. Chem., 1974, v. 13, № 1, 1974. P. 170–174.

89.Вишневский Ю. В. Исследование геометрического строения молекулы триаллиборана методом газовой хроматографии / Ю. В. Вишневский, Л. В. Вилков, А. Н. Рыков, Н. М. Карасев, Ю. Н. Бубнов, М. Е. Гурский // Известия Академии наук, сер. химическая, №1, 2005. С. 98–101.

90. Zettler F. Die kristall– und molekülstruktur des triphenylborans / F. Zettler, H. D. Hausen, H. Hess.// J. Organometallic Chem., v. 72, № 2, 1974. P. 157–162.

91. Binkley J. S. Self-consistent molecular orbital methods. 21. Small split-valence basis sets for first-row elements / J. S. Binkley, J. A. Pople, W. J. Hehre // J. Am. Chem. Soc., 1980, v. 102. P. 939-947.

92.Gordon M. S. Self-consistent molecular-orbital methods. 22. Small split-valence basis sets for second-row elements / M. S. Gordon, J. S. Binkley, J. A. Pople, W. J. Pietro, W. J. Hehre // J. Am. Chem. Soc., 1982, v. 104. P. 2797-2803.

93. Schmidt M. W. General Atomic and Molecular Electronic Structure System / M. W. Schmidt, K. K. Baldridge, J. A. Boatz, S. T. Elbert, M. S. Gordon, J. H. Jensen, S. Koseki, N. Matsunaga, K. A. Nguyen S. J. Su, T. L. Windus, M. Dupuis, J. A. Montgomery // J. Comput. Chem., v. 14, 1993. P. 1347-1363.

94. Кочин Н. Е. Векторное исчисление и начала тензорного исчисления. М.: Л.: Гостехнтеориздат, 1965. 426 с.

95. Kleinman D. A. Nonlinear dielectric polarization in optical media / Phys. Rev., v. 126, №6, 1962. P. 1977-1979.

96. Martín G. Subphthalocyanines and Subnaphthalocyanines Nonlinear Quasiplanar Octupolar Systems with Permanent Polarity / G. Martín, G. Rojo, F. Agulló-López, V.R. Ferro, J.M. García de la Vega, M.V. Martínez-Díaz Tomás Torres, I. Ledoux, J. Zyss.// J. Phys. Chem. B, v. 106, 2002. P. 13139–13145.;

97. del Rey B. Synthesis, Nonlinear Optical, Photophysical and Electrochemical Properties of Subphthalocyanines / B. del Rey, U. Keller, T. Torres, G. Rojo, F. Agulló-López, S. Nonell, C. Martí, S. Brasselet, I. Ledoux, J. Zyss. // J. Am. Chem. Soc., v. 49, 1998. P. 12808–12817.

98. Maya E. M. Novel Push–Pull Phthalocyanines as Targets for Second–Order Nonlinear Applications / E. M. Maya, E. M. García-Frutos, P. Vázquez, T. Torres, G. Martín, G. Rojo, F. Agulló–López, R. H. González–Jonte, V. R. Ferro, J. M. García de la Vega, I. Ledoux, J. Zyss // J. Phys. Chem. A, v. 107, № 12, 2003. P. 2110–2117.

99. Tomasi J. Quantum Mechanical Continuum Solvation ModelsChem / J. Tomasi, B. Menncci, R. Cammi. // Chem. Rev., v.105, 2005. P. 2999-3093.

100. Tomasi J. Molecular interaction in solution: an overview of methods based on continuous distribution of the solvent / J. Tomasi, M. Persico // Chem. Rev, v.94, 1994. P. 2027–2094.

101. Коренева Л. Г. Нелинейная оптика молекулярных кристаллов / Л. Г. Коренева, В. Ф. Золин, Б. Л. Давыдов. М..: Наука, 1985. 200с.

102.Тихонов Е. А. Нелинейные оптические явления в органических соединениях / Е. А. Тихонов, М. Т. Шпак. Киев: Наук. думка, 1979. 383 с.

103. Dalton L. R. Rational design of organic electro-optic materials // J. Phys.: Condens. Matter., v.15, № 20. 2003. P. R897–R934.

104. Zuev M. B. Relationship between Electronic structure and Nonlinear optical activity of push-pull polyenes: Step towards a quantitative treatment / M. B. Zuev, S. E. Nefediev, J. L. Bredas // Polish J. Chem., v..76, № 9, 2002. P. 1211–1222.

105.Bishop D. M. Effect of surroundings on atomic and molecular properties // Int. Rev. Phys. Chem., v.13, № 1, 1994. P. 21–39.

106. Luo Y. Response theory and calculations of molecular hyperpolarizabilities. / Y. Luo, H. Agren, P. Jorgensen, K.V. Mikkelsen // Adv. Quant. Chem., v. 26, 1995. P. 165-237.

107. Abe J. A New Class of Carborane Compounds for Second-Order Nonlinear Optics: Ab Initio Molecular Orbital Study of Hyperpolarizabilities for 1-(1‘,X^c-Dicarba-*closo*-dodecaborane-1‘-yl)-*closo*-dodecaborate Dianion (X = 2, 7, 12) / J. Abe, N. Nemoto,Y. Nagase, Y. Shirai, T. Iyoda // Inorg. Chem., v. 37, № 2, 1998. P. 172–173.

108. Karna S. P.   Nonlinear optical properties of *p*-nitroaniline: An ab initio time-dependent coupled perturbed Hartree–Fock study / S. P. Karna, P. N. Prasad, M. Dupuis // J. Chem. Phys, v. 94, 1991. P. 1171-1181.

109. Tsunekawa T. Ab initio molecular orbital study of nitrogen-containing polyenes with donor-acceptor substituents: dipole moment and static first hyperpolarizability / T. Tsunekawa, K. Yamaguchi // J. Phys. Chem., v. 96, 1992. P. 10268-10275.

110. Tsunekawa T. Ab initio CPHF calculations of first hyperpolarizabilities of nitrogen-containing polyenes with donor—acceptor substituents / T. Tsunekawa, K. Yamaguchi // Chem. Phys. Lett., v. 190, 1992. P. 533-538.

111. Америк Ю. Б. Химия жидких кристаллов и мезоморфных полимерных систем / Ю. Б. Америк, Б. А. Кренцель. М.: Наука, 1981. 288 с.

MIX
Papier aus verantwortungsvollen Quellen
Paper from responsible sources
FSC® C105338

FSC
www.fsc.org

Printed by Books on Demand GmbH, Norderstedt / Germany